포스트
코로나 시대
부동산 &
도시계획

주식
회사 **주택문화사**

목차

※ 일러두기

1 다른 책이나 연구 논문에서 인용한 내용이나 사진에 대해서는 출처를 주석으로 명기하였습니다.

　혹 누락된 경우가 있다면 미리 사과 말씀을 드리며, 필자나 출판사에 연락 주시면 개정판 발간 시 반영하도록 하겠습니다.

2 본문 내용은 2020년 12월 기준으로 작성되었고, 현황 및 법률 등은 달라질 수 있습니다.

들어가는 말

공직생활 중 지금까지 다섯 권의 법령 해설집을 발간하였다. 주제의 특성상 내용이 어렵고 경험담을 넣기에는 한계가 있어, 다음 책은 실무에서 느끼고 체득한 바를 누구나 알기 쉽게 집필하고 싶었다. 도시기본계획, 도시관리계획 재정비, 지구단위계획 수립지침 제정, 지구단위계획 협의, 스마트시티 로드맵, 행정중심복합도시 등 그간 경험한 도시계획 실무 과정을 틈틈이 정리하며 책을 준비해 왔다. 그러던 중 코로나가 닥쳤다. 전 세계 누구라도 이 감염병에서 벗어날 수 없는 상황이 됐다.

역사적으로 산업혁명을 대변혁의 시기라고 평가한다. 인류와 도시에 엄청난 영향을 끼쳤기 때문이다. 당시에도 감염병은 발생하였고, 과거와는 다른 도시 문제들이 생겼다. 이를 극복하고자 제도적으로 도시계획법이 제정되었다. 지금 우리는 산업혁명의 변화보다 더 큰, 어쩌면 전쟁보다 더 강한 인류 최대의 고비에 직면했다. 그동안 머뭇거리며 가지 않았던 길에 강제로 들어선 것이다.

이러한 시기에 필자 개인의 경험을 중심으로 책을 쓰는 건 의미가 없어졌다. 포스트코로나 시대는 경험에 기대지 못하는, 완전히 새로운 프레임의 시작이다. 언제든지 재발할 수 있으며 변종이나 새로운 바이러스가 창궐할 수 있다는 것을 인정하고 해결책을 모색할 시점이다.

그동안의 도시계획은 전문가들만 다루는 특별한 분야로 인식되었다. 이제는 그 개념과 대상이 달라졌다. 빅데이터, 주민참여, 인문학적 감각 등 수많은 키워드가 도시계획과 함께 해야 한다. 이 새로운 목표를 담아 포스트코로나 시대의 도시계획과 부동산 분야를 전망하고 이슈를 다루고자 했다. 일종의 미래 도시계획의 시놉시스Synopsis라 할 수 있다. 시놉시스는 작품의 주제를 다른 사람에게 알리기 위해 쉽게 간단히 적은 내용이다. 필자 역시 포스트코로나 시대 도시계획의 본질을 지키며 변화를 도모하는 메시지를 쉽고 분명하게 전달하고자 나름의 원칙을 지켰다.

다만, 아무도 가지 않은 길에 화두를 던지고자 하는 담대함으로 쓴 내용이기에 필자와 다른 의견이 대두되어 담론을 형성할 수 있었으면 한다. 기록을 쌓아두면 누군가 어디에선가 활용될 수 있을 것이고, 이것은 결국 사회에 도움이 되는 방향이라는 확신이다.

글을 쓰는 동안 여러 차례 막히는 순간이 있었다. 그때마다 김석철 건축가의 말을 떠올렸다. "건축은 나이 오십이 되어야 제대로 알 수 있지만 도시는 예순이 넘어야 제대로 알고 할 수 있게 된다는 이야기가 과장이 아니었다"고 술회하는 대목은 수긍이 가고도 남는다.

책을 집필하는 과정에 도움을 주신 분들이 많다. 일일이 거론은 못하지만, 출간과 관련된 모든 분들께 지면을 빌어 감사를 전한다. 아울러 이 책의 출간과 관련된 모든 영광을 주님께 드린다.

2020년 12월
신 재 욱

Part 1

포스트 코로나 시대에는 언택트와 온택트가
우리 문화 속에 자연스럽게 자리 잡을 것이다.
도시계획은 사람의 행위를 담는 그릇이므로
이렇게 변화된 라이프 스타일이 반영될 수밖에 없다.
그리고 그 작업은 이미 시작되고 있다.

코로나가 새로 쓰는 미래 도시 시놉시스

1

사교육 1번지 대치동은 앞으로도 건재할까?

도시계획업무는 공직생활을 하면서 오랜 시간 담당했고, 즐겁게 임한 분야였다. 2006년에는 운 좋게 행정중심복합도시 밑그림을 그리는 도시계획 과정에 참여하여 다양한 시각을 접할 기회도 가졌다. 이후에도 광주광역시에 머물며 도시기본계획, 도시관리계획 재정비, 지구단위계획 수립지침 제정, 사전협상 등 다양한 관련 행정을 지속해 왔다. 이러한 경험을 토대로 도시계획에 대한 속살을 글로 정리하고자 자료를 차곡차곡 모아두고 있었다. 그러던 중 코로나가 발생했다. 초기에는 사스나 메르스처럼 빨리 종식될 줄 알았는데 5개월째가 되니 코로나가 우리의 삶을 바꾸고 있는 것을 알게 되었다. 고민이 되었다. 당초 내가 쓰고자 했던 책은 현장에서 느끼는 애로사항과 사례를 통해 더 나은 도시계획의 방향을 모색하는 것인데, 코로나 팬더믹을 겪으며 생각이 바뀌었다.

'어쩌면 지금 내가 쓰고 있는 이 책이 발간될 때쯤에는 도시계획의 역사서가 되지 않을까?' 이미 발 빠르게 움직이는 사람들은 다양한 매체를 통해 코로나가 가져오는 대변화를 이야기하고 있었다. 그들은 주로 새로운 비즈니스 모델과 삶의 변화를 설파하고 있지만, 나는 그것을 도시계획적으로 해석하고자 한다.

'국내 사교육 1번지 대치동이 앞으로도 건재할 수 있을까? 또 사교육의 상당 부분이 온라인으로 전환되면 주변 아파트값은 어떻게 될까?' 인근 부동산 가격을 지탱해 온 요인은 다양하겠지만, 그중 학원 수요의 영향력은 예전과 같지 않을 것이라 전망된다. 비대면 강의와 인공지능의 결합으로 사교육 판도가 달라지고 있기 때문이다.

예전 원고를 뒤로 하고 펜을 다시 잡았다. 대중과 언론, 미래학자들이 이야기하는 포스트코로나 시대의 화두를 도시계획적으로 해석하는 내용으로 방향을 세웠다. 전 세계 모든 분야에서 이전의 논쟁과 논란을 잠재우며 새로운 질서를 만들어 나가는 감염병 앞에서 도시계획도 예외일 수는 없다. 과거에 우리가 향유했던 장소는 이제 빈 곳이 되고 있다. 영화관을 떠나 넷플릭스로, 시장과 마트를 떠나 온라인쇼핑몰로, 학교를 떠나 인터넷 강의로 이동하고 있다. 이제 사람들은 꼭 필요할 때만 만나고 일상에서는 만나지 않는 안전한 도시 공간에서 살기를 원하고 있다. 세계사를 통틀어 이런 일은 없었다. 전 세계 한 나라, 어느 사람도 빠지지 않고 똑같이 생존을 위해 애쓰는 인류 역사상 최초의 사건이다.

전문가들은 이미 변화가 시작되었다고 말한다. 그 출발은 달라진 집의 역할이다. 온라인 수업과 재택근무 등을 수행하며 집은 이제 '홈코노미Homeconomy'의 공간으로 바뀌었다. 교육과 생산, 소비가 이뤄지는 '사회경제적 공간 단위'로 변모한 것이다. 그동안의 도시정책은 한정된 토지를 효율적으로 사용하기 위해 주거와 상업지역을 효율적으로 나누어 조닝해 왔다. 직장과 주거 지역을 가까이 두어 이동하는 교통량을 최소화하는 '직주근접職住近接'이 원칙이었다. 포스트 코로나 시대는 '직주일치職住一致'로 바뀌게 될 것이다. '집'을 중심으로 도시를 작은 공간단위로 세분화하여 개인의 이동을 줄이는 방식이다. 도시 공간에 사람이 모여 쇼핑하고 유흥을 즐길 수 있도록 한 계획도 이제 달라진다. 다수가 모이지 못하는 대신 집 주변의 근린지역을 더욱 활용하는 방안이 대두되고 있다.

심지어 경제 분야에서 리카도의 '차액지대론1817년'과 튀넨의 '고립국이론1826년' 이후 300여 년을 이어온 '입지론' 조차 코로나로 인해 붕괴되고 있다고 본다. 전통적 입지론은 주택이나 시장이 고정

" 영화관을 떠나 넷플릭스로, 시장과 마트를 떠나 온라인쇼핑몰로,
학교를 떠나 인터넷 강의로 이동하고 있다. 이제는 사람들을 만나지 않고
생활하는 뉴노멀 시대에 살아가고 있다. "

되어 있다는 가설에서 출발하는데, 포스트코로나 시대에는 고정된
시장은 사라지고 창고만 남는다고 할 수 있다. 앞으로 시장Market은
온라인과 오프라인을 오가며 시시각각 변동할 것이다. 이제 온택트
에 익숙한 시대가 오면 모든 물건을 가상현실을 통해 만지고 냄새 맡
으며 구입 여부를 결정하게 될 것이다.

건축도 마찬가지다. 바이러스 예방을 위해 건물의 문은 손잡이 없
는 자동문 형태로 탈바꿈한다. 출입구에는 안면 인식과 체온을 감
지해 문을 열어주는 시스템이 장착되어 체온이 37℃가 넘으면 문
이 열리지 않게 되는 것이다. 병원 역시 인공지능 로봇이 빠르게 진
입하고 있다. 감염병 때문에 사람이 가지 못한 곳을 로봇이 대신한
다. 의과대학에서는 코딩과목을 배워야 하고, 현장에서도 인공지능
과 협업해야 한다.

기원전 5세기 최초의 도시계획가로 불리는 히포다무스는 감염병 대처와 인구 분산을 위해 격자형 도시체계를 고안했다. 중세 이탈리아는 외부 공격으로부터 도시를 효과적으로 관리하기 위해 별 모양의 팔마노바Palmanova를 건설했다. 근대에는 콜레라를 예방하기 위해 상하수도 시스템이 개발되는 등 도시계획기법은 계속 발전해 선진적인 위생과 복지시스템을 갖춘 도시를 만들어 왔다.

인류는 위기가 닥쳐오면 어떤 방법으로든 해결했다. 코로나 위험역시 변화하며 극복할 것이다. 그 열쇠는 스마트시티, 인공지능, 디지털이 쥐고 있다. 감염을 줄이고 경제를 살리기 위한 언택트와 온택트 시대. 우리가 느끼지도 못하는 사이, 도시 공간은 지금도 바뀌고 있다.

"이제 코로나 이전인 BCBefore Corona와 코로나 이후인 ACAfter Corona로 구분될 것이다."
 - 토마스 프리드만Thomas Friedman의 뉴욕타임즈 기고문 중

"코로나와 같은 전염병이 한번 지나가는 것으로 끝나는 것이 아니고 언제든지 재발할 수 있으며 변종이나 새로운 바이러스의 창궐을 통해 더욱 심각한 방식으로 인간을 공격할 수 있다"
 - 국토연구원 이왕건 연구위원 브리핑 자료 중

2

집은
넓어지고
공원은
가까워진다

훨씬 다양해진 집의 역할

2020년 공무원 교육 연수를 받던 중 코로나가 발생했다. 연수원 측은 감염을 우려해 강의실에 모이게 하는 대신, 우리에게 낯선 구글의 구루미Gooroomee 프로그램을 활용해 온택트Ontact 연수를 진행했다. 때로는 화상으로 토론회도 열었다. 집에서 노트북으로 온라인 강의를 듣고 화상 토론을 하다 보니, 전과 달리 집이 새롭게 보였다. 쉬는 공간을 넘어 업무 공간, 학습 공간, 주말에는 예배공간으로까지 확장된 것이다.

재택근무가 일상화되면서 전원주택 수요가 높아질 것이라는 부동산 전망이 쏟아진다. 누군가는 도시의 병원, 문화시설 등의 편의환경을 포기할 수 없으니 더 큰 평면의 아파트를 선호할 것이라 주장한다. 필자 역시 막상 재택근무를 해보니 집의 크기를 넓혀야 하지 않을까 고민했다. 답답함을 해소하기 위해 비접촉형 운동을 할 수 있는 주변 여건을 찾게 되었다. 걸어서 10분 이내의 등산로, 강변 산책을 할 수 있는 선형線形 도시공원이 절실했다.

비접촉형 운동을 할 수 있는 주택지 인근의 선형공원인 강변 산책로

도시계획을 수립할 때는 비전을 달성하기 위해 지표를 설정한다. 도시공원 지표도 그중 하나다. 우리나라 대부분의 도시계획에서는 '1인당 공원면적 지표'를 사용하고 있다. 미국은 여기에 추가로 '걸어서 10분 거리 공원 지표'가 있다. 걸어서 10분이란 집밖에 나서서 약 800m 거리 안에 도시공원 입구가 위치한다는 의미이다. 단순히 지도상 직선거리가 아니다. 공원과 주택 사이에 고속도로가 있다면 공원 접근성이 떨어지는 것으로 본다. 추가로 공원면적의 크기도 기준 대상이 된다. 미국 뉴욕은 공원 접근성 측면에서 시민 96%가 10분 거리에 공원이 있었음에도 평균 면적이 4,289㎡로 미니애폴리스의 26,345㎡보다 좁아 2위에 랭크됐다.

포스트코로나 시대의 도시는 거주자가 비만이나 우울증에 걸리지 않도록 새로운 공간 코드를 설정해야 하는 과제가 주어졌다. 또한 재택근무가 사람 간의 관계를 끊는 게 아니라, 집을 중심으로 더 많은 연결을 시도할 수 있도록 온택트 형태의 도시 공간 코드도 제시해야 한다.

집과 사무실 경계가 사라진다

"집에서 휴식과 업무, 여가활동 등 모든 일을 하려다 보니 방 세 칸짜리 아파트는 좁은 것 같아. 기회를 봐서 방 네 칸짜리로 옮기려 해."

코로나 이후 재택근무 기간이 길어지자 가정 내 사무실을 계획하는 동료들이 생겨난다.

"예전엔 강남, 청담동 같은 중심지와 가까운 입지를 찾았는데 이젠 공원이 있는 동네가 좋겠어. 경의선 숲길이나 양재천 산책로같이 다른 동네까지 걸어서 다닐 수 있는 선형공원이 있는 동네면 더 좋겠는데….”

코로나 기간 중 재택근무 경험을 했다고 응답한 비율이 61.6%로 나타났다. 관광산업을 기반으로 한 인사동이나 명동 같은 곳의 소비가 크게 줄어든 반면, 집 주변 근거리 소비는 오히려 늘었다. 한 건설회사에서는 2.4m 높이인 아파트 천장을 3m로 높여 자유롭고 창의적인 주택 상품을 내놓기도 했다. 수요에 민첩하게 대응한 모습이다. 집의 역할이 교육과 생산, 소비가 이뤄지는 사회경제적 공간으로 변모된 것은 확실하다.

반면 도시공간은 공공의 성격이 있어서 민감하지 못하다. 도시계획의 궁극적인 목적은 도시의 번영, 그 안에 사는 시민들을 행복하게 하는 것임에도 사유권처럼 빠르게 대응할 수 없다. 그러나 집의 역할이 변화되면서 도시공간의 계획도 바뀔 수밖에 없다. 일터와 주거공간을 가깝게 배치한다는 ‘직주근접職住近接’의 가치에서 두 공간을 공존시키는, 즉 ‘직주일치職住一致’가 등장한 것이다.

이러한 현상은 시애틀에서 나타나고 있다. 소셜 네트워크 서비스 회사인 트위터는 코로나 이후 2개월간 재택근무를 실시했다. 이후 직원들에게 회사로 돌아오라고 했더니 이들의 80%가 복귀를 거부했다. CEO인 잭 도시는 이러한 반응에 깜짝 놀라 “직원이 원하면 영구 재택근무를 허용하겠다”고 밝혔다. 재택근무가 일상화되면 사람들은 집값이 비싼 도시를 벗어나 미세먼지 없는 교외로 이동할 것이다. 아이들까지 함께 움직이면 부동산 가격은 영향을 받는다. 이러한 변화는 우리나라도 피할 수 없을 것으로 보인다.

직주일치職住一致가 되면 산책할 수 있는 공원과 같은 생활형 기반시설이 절실하다. 문제는 도심 내에는 유휴지가 거의 없고, 부지가 있다고 하더라도 지방자치단체의 재원 여유가 없어서 어려운 실정이다.

2030년 광주 도시기본계획을 수립할 당시 '연계, 네트워크'라는 키워드를 언급했다. 광주의 도심공간을 거미줄처럼 연결하는 3개의 선형線形 허파를 조성하는 계획이다. 첫 번째 선형은 과거에 철도가 다녔던 폐선을 재생한 '푸른길 공원'이고, 둘째는 도심을 관통하는 '영산강과 광주천', 세 번째는 도심 내 산으로 이어지는 '대형공원'이다. 어느 지역이든 선형 모양의 공원인 허파까지 걸어서 10분 이내에 접근할 수 있는 연계 네트워크 인프라가 핵심이었다.

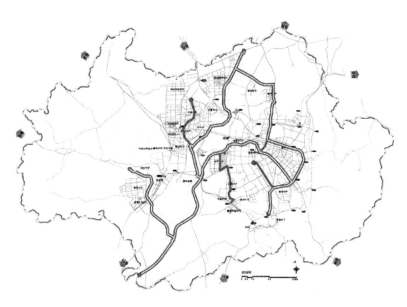

영산강, 광주천, 푸른길을 연계하는 광주광역시 도심 올레길 조성도

3

작은
단위로
세분화되는
도시

동네 생활권이 뜬다

회사가 일상의 주요 공간이었을 때는 도심을 중심으로 금융, 정보, 사람들이 움직였다. 이러한 생활상을 반영하여 도시계획은 '도심-부도심-지역중심'으로 위계를 두어 관리해 왔다. 서울의 도시기본계획에는 강남, 영등포·여의도, 한양도성의 3개 주요 도심이 설정되어 있다. 이곳은 많은 기업과 상업 시설이 몰려 있어 사람들이 쉽게 만나 정보를 주고받으며 계약을 성사하는 생산적이고 효율적인 공간이었다. 그런데 코로나 이후 사람들은 만남을 부담스럽게 생각하기 시작했다. 종식될 듯하면서 확진자가 다시 늘어나는 몇 번의 주기를 거치면서 비대면이 익숙해졌다. 꼭 만나야 할 사람은 만나지만, 만나지 않아도 처리할 수 있는 단순한 계약은 온라인으로 처리하는 게 당연시되었다. 생활공간의 권력이 '사무실'에서 '집'으로 이동한 것이다. 즉 도시 공간이 '도심 중심지'에서 '동네'로 이동하고 있다는 의미이다.

종전의 도시공간이 수직적 위계를 가졌다면, 포스트코로나 시대에는 수평적 위계로의 전환이 예상된다. 종전의 도시계획은 인위적이고 강요하는 특성이 있었다면, 이후에는 생활 속에서 자연스럽게 스며드는 도시계획이 될 것이다. 계획은 문제에 대응한다. 교통체증이 발생하면 도로지표를, 시민의 휴식이 필요하면 공원지표를 만든다. 앞으로 전염병 치료와 대응을 위한 '회복 탄력성 지표'가 나올 것이다. 증가하는 상가의 공실 활용을 위해 '상가 공실 지표', 사망자가 노인 계층에 집중됐다는 점에서 '노령화 지수'나 '취약계층의 공간적 분포도' 등이 나타나 동네라는 생활권에 부족한 것이 무엇인지 분석될 것이다. 이제는 광역적인 생활권 계획에서 더 작은 생활권 차원의 세분되는 도시계획이 요구된다. 단기적으로 큰 변화는 일어나지 않겠지만, 도시공간이 광역 생활권에서 동네 생활권으로 바뀌면 이제까지 경험하지 못한 도시계획 모델이 현실화 될 것이다.

작게 흩어지는 기업체 사무실

코로나 바이러스가 귀신도 못 잡는다던 홍콩의 빌딩 임대료를 낮출 것이라고 한다. 재택근무로 효과를 본 기업들이 종전 대비 오피스 면적을 20~30% 줄이면 홍콩 오피스 빌딩 시장에도 공실률이 늘어난다는 분석이다. 한편으로는 사회적 거리두기 일환으로 1인당 사무 공간이 종전보다 넓어져 도심지역CBD, Central Business District에 입지한 오피스는 가치가 더 오를 것이라는 반대 의견도 있다. 섣부른 전망은 힘들지만, 현재 나타난 국내 정황을 보면 어느 정도 예측이 가능하다. 코로나 이후 기업 활동 위축에 따른 오피스 수요 감소로 강북 지역의 업무지구에서는 빈 사무실이 늘어난 반면, 강남은 공실률이 줄고 공유 오피스 신규 지점도 문을 열었다. 1)

이 같은 차이는 강남은 강북과 달리 IT기업 수요가 많기 때문이다. 비대면 정보통신기술ICT 서비스 등 디지털 전환이 속도를 내면서 2020년 1분기 정보통신분야 신규 창업이 2019년 대비 9.4% 늘었다. IT기업의 임차 수요가 증가하면서, IT업종이 몰리는 영향으로 오피스 수요가 오히려 증가한 것이다.

한편, 기업들은 직장 내 누군가 감염이 되면 한꺼번에 사무실이 폐쇄되는 문제점을 알게 되었다. 실제로 상주 근무 인원만 4천 명이 넘는 부산의 63층 금융센터 건물에서 1명이 코로나 확진을 받자 입주 회사 중에는 모든 직원을 재택근무로 전환시키는 상황도 발생하였다. 이처럼 기업의 입장이라면 천재지변의 상황이 일어나더라도 업무 단절 없이 지속적으로 일처리를 할 수 있는 인프라가 절실하다. 재택근무에 대한 장단점 평가와 손익계산을 통해 기업들이 빠르게 움직이면, 결국 도시공간은 재구성된다.

SK텔레콤은 서울 도심 본사로 출근하는 대신 서울 전역과 인근 도시의 분산 사무실로 출근할 수 있도록 재편하여, 전 직원의 출근 시간을 20분 이내로 줄이는 방안을 발표했다. 도심에 중앙 오피스$_{Core}$를 두고 외곽에 서브 오피스$_{Flex}$를 두는 방식의 분산 전략이다.

전 세계에 사무실과 직원을 두고 있는 페이스북의 경우, 원하는 직원들은 '영구적인' 재택근무를 할 수 있도록 하겠다는 방침을 밝혔다. 일반적으로 재택근무란 주 1회 이상을 기존의 사무실 중심 근무 현장 이외의 장소에서 정보통신 장비를 사용하여 일하는 대안 근무를 의미한다. 현재는 집을 염두에 두고 있으나 앞으로는 위성사무실, 원격 근무센터 등이 나타날 것이다.

집에서 일하기 어려운 직원이나 대면 접촉이 불가피한 업무가 생길 경우를 대비해, 기존 사무실과 집을 잇는 '중간 거점'이 생겨난다. 업무공간을 공유 사무소로 활용한다는 것이다. 이에 따라 동네에도 공유 오피스 수요가 생겨 그동안 상가 공실로 애를 먹은 건축물이 공유 오피스로 변모할 것이라고 예상하는 전문가도 있다.

기업들은 오래 전부터 공동 업무 공간, 고정 자리 없는 사무실 등으로 임대료를 절약하려고 노력해왔다. 오피스 공유 서비스 기업 위워크는 기업들에게 유연한 공간을 제공해주면서 급성장하였다. 사실

가장 확실한 임대료 등 사무공간 비용 절감 방법은 재택근무이다. 직원이 업무의 50%를 집에서 하면 회사는 직원 당 연간 약 $11,000를 절약할 수 있고, 직원도 교통비 등을 줄여 연간 $2,500~4,000를 아낄 수 있다.

기업들은 사무실 근무 관행과 수익에 대한 불확실성 때문에 재택근무를 주저해 왔다. 그러나 매일 수천 명이 방문하던 미디어 회사에 8주간 수십 명 밖에 방문하지 않았어도 미디어 서비스가 계속되는 것을 경험하고, 사무실 유지에 대해 다시 생각하게 된 것이다. 2)

기업 측면에서는 사회적 거리 두기로 1인당 사무실 면적을 넓히기보다는, 유지비용 전략과 자산 유동성 확보 측면에서 대안을 검토할 것이다. 사옥을 키우면 인테리어 비용부터 임대보증금, 월 임차료와 관리비, 사무집기 구입 및 대여 비용 등을 부담해야 한다. 공유 오피스에 입주할 경우 월 사용료 외에 다른 비용이 들지 않는다. 공유 오피스 지점이 여러 곳이라 직원의 근무 공간을 분산해 사내 코로나 집단 감염사태 위험도 줄일 수 있다. 오늘도 각 기업에서는 하루에 수십 건의 코로나 대비 전략 보고서가 작성되고 있다.

"권위적이고 계급적인 도시 공간 구조가 수평적으로 바뀌면서, 도심에 사무실이 있어야 인재가 온다는 공식도 깨지고 있다."

2-3) 출처 : 이명호, 가족보다 직장동료와 더 오래 머무는 '회사인간 시대' 저물고 있다.(2020.6.25.)
www.yeosijae.org/research/987

도심 사무실 주변 상권이 달라진다

영국계 글로벌 금융 서비스 기업 바클리스Barclays CEO는 "7,000명의 사람을 한 빌딩에 넣는다는 생각은 과거의 것이 됐다"고 말한다. 한 사업가는 "고가의 사무실에 3,500만 파운드를 투자하는 대신 사람에 투자하겠다"고 했다. PwC 조사에 따르면, CFO최고재무책임자의 4분의 1은 이미 부동산 축소를 고려하고 있으며, 회사가 새 건물을 찾는 활동은 이전에 비해 절반으로 줄어들었다. 3)

코로나 기간 관공서는 점심시간에 구내식당을 일정기간 운영하지 않았다. 감염을 예방하는 측면도 있지만 공무원들이 주변 식당을 이용해 식당가의 경영난에 도움이 되고자 하는 취지이기도 했다. 포스트코로나 시대, 기업체 근무인원이 대폭 축소되면 빌딩 주변의 상권에는 큰 변화가 생길 것이다.

우리나라 A자동차 회사는 2교대로 근무한다. 교대 시간이 오후 6시였다. 퇴근길에 동료들과 대포 한잔 나누는 수요 때문에 공장 인근의 식당은 높은 권리금을 내야 입점할 수 있었다. 그런데 오후 3시로 교대 시간이 바뀌면서 상황은 급변하였다. 권리금이 없어도 임대가 나가지 않는 것이었다. 이처럼 근무 시간만 바뀌어도 상권은 태풍을 맞는다.

포스트코로나 시대, 부동산에 어떤 큰 변화가 올까? 지금의 도심 상권, 식당과 술집, 식료품점들은 지하철이나 버스, 기차 등으로 출근하는 사람들에 전적으로 의존해 왔다. 재택근무가 확대되고, 도심으로 몰리는 출퇴근과 교통량이 감소하면 도심의 부동산과 집값이 조정될 수 있다.

사람들이 일을 하기 위해 반드시 비싼 건물이 필요하지는 않게 되었다. 집에서 계속 일할 수 있다면 비즈니스 지역과 도심의 본질이 바뀔 것이다. 상업 요금에 의존하는 도심은 대유행 전과 같은 러시아워를 볼 수 없을 것이다. 전통 소매업체는 도시가 매력적인 장소를 유지하기 위해 데이터를 사용하여 사람과 흐름을 이해하고 증거 기반 결정을 내릴 수 있어야 할 것이다.

당장 도시 모습이 변하지는 않을 것이다. 단기간이 아닌 장기적으로 분산될 것이다. 우리가 사는 오피스職와 도시住에 대한 성찰을 거쳐 새로운 직주 문화가 형성될 것이다. 300년 전 런던에서 시작되었던 오피스가 300년이 흐른 지금 대전환의 시기를 맞이하고 있다. 4)

"자동차 생산 공장 교대 시간이 오후 6시에서 3시로 앞당겨지면서 퇴근길의 대포 문화가 사라졌다. 상가 권리금이 없어도 임대가 나가지 않게 되었다."

4) 출처 : 이명호, 가족보다 직장동료 더 오래 보는 '혹사인간 시대' 저물고 있다(2020.6.25.) www.yeosijae.org/research/987

4

대중교통
이용량이
줄면
역세권
매력도
감소한다

빅데이터로 확인된 대중교통 이용객 감소

여의도로 출퇴근하는 직장인 A씨는 "코로나 때문에 대중교통을 이용하기 불안하다. 될 수 있는 한 자가용으로 출퇴근 한다"고 말한다. 다른 직장인 B씨도 "자가용을 이용하면 좋겠지만 여건상 어려워서 지하철에 비해 상대적으로 다른 사람과 접촉이 적은 버스로 통근한다. 출퇴근 시간이 1시간가량 늘었지만, 어쩔 수 없다"고 하소연한다.

실제 이들의 고충이 수도권 지하철 이용 빅데이터에도 고스란히 나타났다. SKT 인사이트 보고서와 온라인 국제학술지 'Cureus Journal of Medical Science'에 '코로나19에 대한 서울 지하철 승객수 변화 : 사회적 거리두기에 대한 의의'라는 제목의 연구 논문을 보면 코로나가 본격 확산하기 시작한 2020년 2월 4주 차 이후_{2월 18일}~_{4월 5일} 지하철 승객은 코로나 발생 전_{2019년 12월 30일~2020년 2월 17일} 대비 29.5% 급감하였다고 한다.

대중교통 이용객수 변화
자료 : 서울시

	8월 22일	전년동기간 대비 증감률
버스	2,551,501명	40.7% ↓
지하철	2,080,705명	50.1% ↓
	8월 23일	
버스	1,861,783명	44.7% ↓
지하철	1,437,118명	53.5% ↓

*서울 지하철 (1~9호선, 우이신설선), 서울 버스(시내, 마을)

지하철역 중에 직장역_{Work station}이 여가역_{Leisure station}에 비해 감소 폭이 큰 것으로 나타났다. 주말 승객은 고속터미널역, 서울역 등의 교통 요지 인근 역으로 평소 대비 43~51% 감소했다. 평일에는 고속터미널역-42%, 양재역-36%, 종로3가역-34%, 을지로입구역-33%, 강남역-32% 순이었다.

연령층별 감소율 차이도 두드러졌다. 평일 20%대의 감소율을 보인 20~50대와는 달리 60대 이상은 35%, 미성년자는 47%가 줄었다. 등교 중단과 함께 기저질환자가 많은 고연령층의 건강에 대한 우려가 반영된 것으로 분석했다.

전남 완도에서 버스회사를 운영하는 지인 역시 코로나가 소지방의 운수업계까지도 영향을 미치고 있다고 말한다.

"관광버스 운영사업을 이제는 접어야 할 것 같다. 관광버스를 통학버스로 활용하고 있는데 학교도 쉬니 수요가 없다. 노선버스는 어르신들 몇몇이 탑승하지만 섬에서 확진자가 생기면 그마저도 없다. 앞으로 5년 후에 운전사가 없는 무인 소형버스 도입을 대비하고 있다."

포스트코로나 시대에 우리 교통은 어떠한 모습으로 변화할지 관심사다. 예전에는 정부에서 자가용보다 대중교통을 이용하라고 설득했는데, 더 이상 그럴 수 없는 역설의 시대를 맞게 되었다. 예전의 관점에서 도시를 바라보기가 어렵게 된 것이다.

서울시는 코로나 감염 예방을 위해 '전동차 이용객 혼잡도 관리기준'을 마련하였다. 혼잡도 80~130%이면 '보통'으로 괜찮은데, 혼잡도 170% 이상이 되면 혼잡구간을 무정차 통과하도록 한 것이다. 이러한 모습은 워싱턴 DC에서도 나타났다. 감염병이 발생하기 전에는 평일에 대개 98만 명 정도가 지하철을 이용했으나, 그 이후는

13~15만 명이 이용했다. 한동안은 19개 지하철역을 폐쇄하여 무정차한 적도 있다. 이런 식으로 대중교통 시스템이 바뀌고, 이용률이 지속해서 줄어든다면 도시공간에도 영향을 끼친다. 교통계획의 기본은 O-D_{Origination-Destination, 출발지와 도착지}간 차량흐름 통제인데, 본격적인 재택근무와 온택트가 생활화되면 가정과 오피스 간의 O-D는 의미가 사라진다. 그러면 숨이 막히도록 꽉 채워진 기존의 도시개발 기법에 의해 건설된 도시들은 모든 것을 해체하고 과감한 혁신의 길로 갈 수밖에 없다. 이러한 전망은 코로나 이후 전염병의 반복되는 주기나 횟수에 따라 영향을 받을 것이며, 보다 다양한 시나리오에 대한 준비가 필요한 대목이다.

대중교통 이용객 감소로 인하여 코로나 이전에 추진한 도시계획 모델을 재정립하는 논의도 필요하다. 그간의 도시는 철도역, 버스터

미널, BRT 정류장 등을 중심으로 역세권 개발을 하고, 도시의 중심지 기능을 하도록 용적률을 높이며 상업지역으로 변경해 왔다. 사람들이 집결하는 곳이기에 필요한 계획이었다. 코로나로 인해 인구의 이동이 달라지면서 도시관리 방향도 수정될 수밖에 없는 여건이다.

역세권과 도심지를 집약적으로 개발하여 도시 중심지 역할을 하도록 하겠다는 컴팩트 시티Compact city 모델에 수준의 차이는 있을지라도 다소 변화가 있을 것으로 보인다. 직장과 주거 간 통근거리를 최대한 단축하여 에너지 소비를 줄인다는 컴팩트 시티 모델이 코로나가 불러온 재택근무 확산을 통해 문제점을 해소하고 있다. 코로나 이후 더욱 가속화될 변화가 불가피한 가운데 다양한 시나리오를 준비할 때이다.

잠자는 장롱 면허를 깨운 코로나

얼마 전 만난 어느 자동차 딜러는 코로나 기간 차량 판매 대수가 급증해 실적이 좋아졌다고 한다. 코로나 사태가 장롱 면허를 깨우고 '마이카 시대'를 부활시켰다. 2016년 정점을 찍고 하락하던 운전면허 취득자 수와 자동차 내수 판매량이 2020년에 들어 동시에 반등한 것으로 확인됐다.

자동차를 새로 구매하는 사람도 늘고 있다. 한국자동차산업협회에 따르면 내수용 신차 판매량은 올해 상반기1~6월 80만2,638대로, 전년 동기 대비 5.9% 증가했다. 6월 한 달 판매량만 17만6,824대로, 전년 동기 대비 41%나 늘었다. 2017년 이후 3년 만의 반등이다.

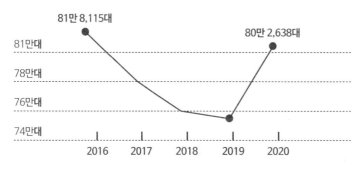

코로나 발병 직후 자동차 판매 추이

서울기술연구원 보고서 '코로나19로 인한 통행 변화, 그리고 포스트 코로나에 대비한 서울 교통정책 방향'에 따르면, 지하철과 버스 이용자 수는 2020년 1~4월 각각 35.1%, 27.5%씩 감소했다. 특히 버스의 경우 순환버스 이용자 감소율이 54.2%에 달했다.

© https://newsroom.koscom.co.kr/1513

3천 년 역사의 마차들이 한순간에 사라졌던 당시. 뉴욕 맨해튼 5번 가를 1900년座과 1913년후 촬영한 두 장의 사진이다. 1900년 사진에는 도로를 가득 메운 마차들 사이에 단 한 대의 자동차가 서 있었고, 1913년 사진에는 자동차가 도로를 가득 메운 사이에 단 한 대의 마차가 서 있었다. 단 한 대의 자동차가 있던 자리와 단 한 대의 마차가 서 있었던 자리도 기막힐 정도로 거의 같다. 세상이 변하는 데는 채 13년도 걸리지 않았다.

포스트코로나 시대가 되었다고 교통수단이나 도시 공간이 갑자기 바뀌지는 않을 것이다. 다만, 코로나 이전에 우리가 예상했던 미래를 코로나가 강제로 앞당길 것은 분명하다. 직주일치 또는 직주근접, 온택트 등을 통해 시민들의 자가용 이동이 줄어들고, 출퇴근을 위해 지금처럼 역세권에 몰리지도 않을 것이다. 즉, 효율성에서 안정성을 추구하는 시민들의 요구에 따라 변화할 것이다.

효율성과 경제성을 우선 가치로 두던 도시계획 용도지역제에 대한 변화도 고려해 볼 시점이다. 코로나 이전부터 학회 차원에서 조닝 Zoning 제도의 문제점이 대두되었다. 실무에서도 중앙부처가 주관이 되어 지방자치단체 실무자의 의견을 듣는 기회도 있었다. 인구가 적은 소도시는 현재보다 느슨한 용도지역제를 통해 건축 자유제로 소도읍이 더욱 개발되기를 원하고, 대도시는 한정된 토지를 보다 더 세분화해 다양한 도시관리를 할 수 있도록 용도지역제 보완을 요구하기도 했다.

여러 논의에도 기존 용도지역 수혜자의 반발로 제도는 쉽게 개선되지 못했다. 이처럼 머뭇거린 정책들도 코로나로 인해 강제적으로 이행될 것으로 보인다. 이러한 변화 속에서 사뭇 뉴욕 맨해튼 5번가의 사진이 떠오른다.

Part 2

도심의 피크타임 이미지는 '교통체증, 출근, 분주'였다.
코로나로 인해 이제 상황은 달라졌다.
지하철 이용객 감소로 역세권 개발의 수요를
다시 추정하게 되는 등
도시 중심지역의 공간변화가 일어난다.

부동산 그리고 도시계획 공식이 바뀐다

1

코로나가
바꾼
교통정책과
부동산
트렌드

대중교통 속 불평등의 민낯

*'교통은 경제활동 참여로부터 유발되는 결과물이라는 교과서적인
말이 앞으로도 유효할까?'*

그동안 여러 방법을 써도 해결할 수 없었던 첨두시간대의 교통량이
분산되기 시작했다. 수도권 교통량이 감소하던 때는 1998년 외환위
기와 2008년 금융위기 당시뿐이었다. 그런데 코로나가 더 큰 변화를
가져왔다. 시내버스와 지하철은 물론 KTX, 고속버스 같은 장거리
대중교통 수단도 위기에 몰렸다. 코로나 확산이 완화되면 일정 수요
는 회복되겠지만, 예전 수준으로 돌아가긴 어려울 것이라는 예측도
있다. 대중교통의 변화는 불가피할 것으로 보인다.

이러한 상황은 도시에 존재하는 불평등을 수면으로 떠오르게 했
다. 대중교통을 이용하는 사람 중에는 비교적 소득 수준이 높지 않
은 사람이 많다. 전염병으로 대중교통이 감차되거나 역이 폐쇄된다
면 저소득층 사람들이 직장이나 학교에 접근할 기회가 줄어든다. 게
다가 이들은 계속해서 출퇴근하거나 주로 다른 사람과 대면해야 하
는 직업군에 속한다. 예를 들어 IT업계 사무직은 고소득층이며 얼
마든지 재택근무가 가능하다. 반면 여타 서비스직은 저소득이며 현
장에서 일해야 한다. 상대적으로 저소득층이 전염병에 노출될 위험
이 높다.

대중교통 기피 현상이 심해지면 고소득층은 승용차를 더 많이 이용
해 도로는 혼잡해지고 버스 노선은 줄어들 수 있다. 어쩔 수 없이 대
중교통을 이용해야 하는 저소득층은 가야 할 목적지에 갈 수 없는

최악의 상황에 놓인다. 혼잡비용이 늘어나고 교통복지는 후퇴한다. 때문에 보행과 자전거, 대중교통을 우대하고 자가용 이용을 억제해온 기존 도시계획의 기조는 변화가 요구된다. 대중교통 혼잡도를 낮추면서 자가용 이용도 줄여야 하는 모순된 목표를 어떻게 해결할 것인가가 관건이다. 정부와 지방자치단체가 재택근무, 직주일체의 시대를 앞당기기 위해서 시행하는 다양한 정책들이 이러한 대중교통 문제와도 연관될 것이다. 재택근무 실시 기업에 대해 조세 감면이나 정책 지원금 방안이 나올 수 있다. 재택근무는 피크 타임 교통 수요를 줄이고, 이는 온실가스 감축으로 이어지기 때문이다.

물류센터의 호황과 새로운 수익모델

실제로 코로나 때문에 모든 기업이 손해를 본 것은 아니었다. 온라인 상거래 수요 증가로 다양한 유형의 물류센터가 떠오르고 있다. 2020년 6월, 서울교통공사는 기존에 있던 홍대입구역에 이어 서울역·명동역·잠실역에 '지하철 생활물류센터 유인보관소T-Luggage'를 새로 열었다. 서울지하철을 운영하는 서울교통공사에서는 지하철 내에 생활물류 지원센터를 최대 100곳까지 운영하겠다는 계획을 밝혔다. 현재 서울지하철 역사 내부에는 곳곳에 유휴공간이 마련되어 있는데, 이를 통해 택배·세탁·개인물품 보관·개인교통수단관리·스마트폰 배터리 대여 등 다각도의 생활물류 서비스를 제공하겠다는 것이다. 서울교통공사가 단순한 여객 수송업체에서 종합생활서비스 업체로 발돋움할 수 있는 계기를 코로나가 만들어준 셈이다.

국내 정유사들 역시 주유소를 택배사의 배송 거점으로 활용하는 사업을 추진한다. 여성을 위한 안심 택배함, 스타트업과 제휴한 셀프 스토리지, 전기차 충전기 등도 도입하고 있다. 정유사에서는 이러한 공간을 제공하고 임대 수익까지 창출한다는 계획이다. 이처럼 전통시장은 물론 대형유통시설이 운영에 위기를 겪으면서 주유소, 정류장까지도 물류보관 창고로 변모하는 움직임이 보이기 시작했다. 재택근무에 따라 클라우드 산업 성장과 데이터 트래픽 폭증으로 데이터센터 수요도 많이 증가했다. 국내 부동산 투자자들은 마이크로소프트와 엔비디아 보잉 등 우량 임차인을 확보하는 해외 투자를 추진하고 있다.

"코로나 이후 비주거 부문에서 물류창고가 주목받고 있다.
지금 시장의 트랜드를 좌지우지하고 있는 상황이다."

2

부동산
공식의
재편이
시작됐다

재택근무가 실리콘밸리 집값을 잡다

글로벌 기업 본사가 대거 몰려 있는 미국 실리콘밸리의 집값이 내려가고 있다. 샌프란시스코에는 트위터, 마운틴뷰에는 구글, 멘로파크에는 페이스북, 새너제이 인근 쿠퍼티노에는 애플 본사가 있다. 그런데 이들 기업이 코로나 이후 재택·원격 근무를 본격 시행하면서, 해당 기업에 다니는 직원들이 지금처럼 비싼 돈을 내며 실리콘밸리에 살 필요가 없어졌다. 부동산 정보 사이트 줌퍼Zumper에 따르면 2020년 6월 샌프란시스코의 방 한 개짜리 아파트 월세가 1년 전보다 11.8% 하락했다. 월세 평균 가격은 3,280달러로, 1년 전3,720달러보다 400달러 이상 낮아진 수치이다. 2개월 연속 하락세이자 월간 하락 폭으로는 사상 최대를 기록했다.

반면 실리콘밸리 외곽은 가격이 올랐다. 구글 본사까지 차로 45분 소요되는 오클랜드의 6월 월세는 1년 전보다 4.5% 올랐다. 더 먼 새크라멘토 지역도 7.9% 상승했다. 원격근무 확산으로 '지리적 자유'를 얻은 직원들이 실리콘밸리를 탈출하기 시작한 것이다. IT 기업들의 잇따른 재택·원격 근무 선언으로 이 같은 현상이 더 지속될 가능성이 높다. 또한 재택근무가 늘며 기업들은 사옥에 더 이상 투자를 하지 않는다. 구글은 사무 공간 확대를 위해 본사 인근 부동산을 매입하고 있었는데, 코로나 사태 이후 모두 중단한 상태이다. [1]

1) 출처: '실리콘밸리는 코로나 끝나도 재택근무, 미친 집값 누른다' 조선일보 (2020.7.10.)

국내 부동산 시장의 세 가지 시나리오

우리나라는 도심 집중화, 아파트 선호 현상으로 실리콘밸리와 같은 현상이 단기간에 나타나지 않을 것으로 보인다. 그러나 원격·재택 근무가 점차 확산되면 지금과는 다른 부동산 공식이 적용될 것이다. 부동산 전문가들은 코로나 발병 초기에 L자 장기침체, U자 완만회복, V자 급상승 등 3가지 전망을 내놓았다.

첫째, L자 장기침체 유형은 코로나 충격이 장기화되면서 집값 하락이 불가피하고 침체가 지속된다는 전망이다. 이에 따라 매매수요가 위축되고 정부의 대출규제 및 조세규제 이외에 전매제한 확대, 다주택자 보유세 부담 증가, 법인규제 등 추가규제 강화로 부동산 시장의 전반적인 악화를 우려하는 시나리오다.

둘째, U자 완만회복 유형이다. 코로나 사태의 조기종식 및 효과적인 극복을 위해 정부가 추가규제 없이 현 상태를 유지한다는 전제하에 완만히 회복세를 이어간다는 전망이다. 중국 우한시의 경우 도시 폐쇄를 해제한 이후에 실제 나이키형 회복세를 보인 바 있다.

셋째, V자 급상승 유형은 저금리와 풍부한 유동자금으로 집값 상승이 빨라질 것이라는 전망이다. 이 유형은 저금리 기조와 1천1백조 원이 넘는 풍부한 유동자금이 투자처를 찾아 부동산 시장을 맴돌고 있다는 진단이다. 정부가 코로나 사태를 극복하기 위해 경기부양 차원의 부동산 활성화 대책을 내놓을 것이라는 시나리오다.

부동산은 주식처럼 급매매되지 않고 장기간 보유하는 특성을 고려하면 '언제나 돈을 버는 것이 아니라 돈을 잃지 않는 것'이라는 투자자 워런 버핏의 격언에 주목할 필요가 있다.

"내 투자의 기본원칙은 이것이다. 첫째, 절대 돈을 잃지 않는다. 둘째, 첫 번째 원칙을 잊지 않는다."

– 워런 버핏 Warren Buffet

부동산은 사두면 절대 오를 것이란 기대를 버려야 한다. 수요가 부족하고 호재가 없는 지역은 가격이 떨어지고 학군과 교통시설, 생활편의시설이 좋은 지역은 오른다는 일반적인 부동산 상식도 더 이상 해당되지 않는다.

포스트코로나 시대 부동산 투자를 위해서는 스스로 빅데이터를 분석하는 눈을 가져야 한다. 관련 데이터를 어디에서 얻고, 어떻게 활용할지를 습관적으로 연습하는 자세가 필요하다.

먼저, 한국감정원 부동산 통계정보 시스템www.r-one.co.kr을 자주 들어가 보자. 사이트에는 아파트 매매지수에 대한 다양한 숫자와 그래프가 제공된다. 한 예로 2020년 7월 주택매매 및 전세금 변동률 현황을 보면 세종시가 다른 지역보다 매매지수가 높게 나타났다. 행정수도 이전 이슈로 전국 평균0.61%보다 세종5.38%이 훨씬 높게 상승했다. 그에 반해 제주도는 하락했다. 중국발 투자 감소, 공급과잉, 유행처럼 번졌던 제주 한 달 살기 열풍이 사위는 것이 원인이었다. 2015년에는 제주도 내 토지와 아파트 가격이 2배 이상 상승했는데, 불과 5년 만에 부동산 환경이 급랭한 것이다. 흔하게 믿어왔던 부동산 불패 공식은 포스트코로나 시대에는 더 이상 적용하기 어려울 것으로 보인다.

언택트와 온택트는 부동산 공식을 깬다

미국의 트랜드 전문가인 페이스 팝콘은 "유행이란 시작은 화려하지만 곧 소멸되는 것이고, 트랜드는 바위처럼 꿋꿋하게 평균 10년 이상 지속되는 것"이라 말했다.

2018년 세계 1위 필름회사인 코닥필름이 파산했다. 모두가 디지털카메라를 쓰니 당연한 결과라 할 수 있다. 그러나 아이러니하게도 디지털카메라를 처음 개발한 원천 특허를 가진 회사가 코닥이다. 뒤늦게 디지털카메라를 본격 출시했지만, 후발주자로 인기를 끌지 못했다. '사람들이 디지털보다 필름을 더 좋아한다'는 잘못된 예측으로 시장 흐름을 놓치고 몰락의 길로 들어선 것이다.

학원들도 마찬가지다. 필자도 기술사 시험 준비를 위해 광주에서 서울까지 학원을 다녔다. 그러나 이제는 인터넷으로 유명 강사의 강의를 듣는다. 아이들은 대치동 학원 강사를 집안에서 만날 수 있고, 이동 시간도 아낄 수 있다. 오프라인 학원에 가야 한다는 전통적인 방식에 익숙한 학부모들도 이제 변하고 있다. 학부모와 학생이 변하면 지금처럼 '학세권'이 맹위를 떨칠 순 없을 것이다.

이처럼 우리는 이제 이전의 방식으로 살 수 없다. 언택트 세상에서 우리를 연결해 줄 유일한 방법은 온라인이다. 일하고, 사람을 만나고, 생필품을 사는 내내 온라인은 지속해서 세상과 나를 연결하고 있다. 언택트를 넘어 온라인으로 연결되는 '온택트' 시대가 열린 것이다. 2)

코로나는 유행이나 트랜드가 아닌 삶의 변화이다. 인간의 가치와 생활의 변화를 담을 도시계획과 부동산 공식을 다시 쓰고 있는 순간이다.

포스트코로나 시대의 선호 입지

재택근무가 활성화된다고 해도 아파트에 익숙한 세대가 단독주택이나 다세대주택으로 바로 이동하기는 쉽지 않다. 이들은 대개 좋아하는 입지의 새 아파트로 이사하기를 원한지만, 정작 그런 매물을 구하기가 쉽지 않다.

2) 인용 : 김미경 『김미경의 리부트』, 웅진 지식하우스 (2020). p69

사람들은 우선, 일자리가 많고 보장된 동네를 선호한다. 전국 256개 기초자치단체 중에서 가장 일자리가 많은 곳이 강남구이다. 그곳은 상주인구 54만 명, 출퇴근 인구 75만 명으로 추산된다. 그래서 강남구 인근의 압구정동, 청담동, 잠실동, 대치동, 도곡동, 역삼동, 개포동의 주거지가 각광받는 것이다. 지하철 2, 7, 9호선 역세권이 인기를 끄는 원인 중에 하나도 일자리가 많은 강남, 종로, 마곡과 연계되기 때문이다. 그에 반해 인구가 줄어든 지방을 보면 일자리도 같이 줄어들었다.

교육환경에 대한 입지 선호 역시 줄어들 것으로 보인다. 1990년 고등학교 졸업생은 약 110만 명, 2019년 57만 명, 2020년 40만 명으로 눈에 띄게 감소하고 있다. 수능 시험을 보는 학생 수가 줄어들고 학원 영역이 온라인으로 이동한다면 학세권의 인기는 이전과는 달라질 것이다.

"직장인의 원격 재택근무에 이어 학생들까지 원격강의가 일상화되면, 학세권으로 형성된 부동산 가격의 조정을 피할 수 없다."

작은 단위로 도시공간이 세분되면 가까운 반경 내 쇼핑, 문화시설, 공원이 잘 갖춰진 곳을 선호하게 된다. 이러한 조건을 갖추었다고 하더라도 구축 아파트 중에 용적률이 높은 단지는 재건축을 해도 확장이 어려워 선호도가 떨어질 것으로 보인다.

도시계획팀장으로 근무 중 용적률에 대한 상향 요구 민원을 받을 때면 두 가지 가치 대립이 있었다. 상향을 요구하는 측은 지금 신축주택이 부족하여 부동산 가격이 급등하니 용적률을 높여서 부동산 가격을 안정화하자는 명분이다. 그에 반해 지금 용적률을 높이면 미래 세대가 재건축을 할 수 없어서 부담이 된다는 의견도 있었다. 포스트코로나 시대에 용적률이 높아서 재건축할 수 없는 구축아파트는 또 하나의 도시문제가 될 수 있다.

3

빅데이터를
활용한
도시계획과
부동산

통계를 가지고 노는 자가 승리한다

도시계획 실무를 하면서 빅데이터를 활용하기 위해 전문가를 만났다. 현실적으로 도시계획은 부동산 가격과 밀접하므로 빅데이터로 실제 거래가격을 알 수 있는지 궁금했다. 도시계획으로 결정된 입지와 지도상에 주요시설이 있는데 거래가격과 어떠한 연관성이 있는지 알고 싶어서다. 전문가는 "부동산은 진실을 알기 어려운 분야로, 데이터라고는 거래가격이 전부이기 때문에 인공지능이 접근하기 어렵다"고 털어놓았다.

부동산 빅데이터 분석에는 '토지 속성 정보'와 '기타 속성 정보'가 존재한다. 토지 속성 정보는 도시계획 용도지역 · 지구 분류, 도로에 접한 면, 땅의 형태 등이 속한다. ㎡당 50만 원 이하의 땅은 이러한 토지 속성 정보에 따라 가격이 결정된다. 기타 속성 정보는 근처 상권, 주요 교육기관, 편의시설, 유동인구 등이 해당하며 부동산 가격을 결정하는 주요 요인이다. 전문가는 얼굴만 잘생긴 것보다 주변에 친구가 있어야 한다는 점을 비유로 들어 기타 속성 정보를 강조했다.

해당 부지와 유사한 표준지標準地의 거래가격을 보고 가격을 전망하는 감정평가사와 달리, 빅데이터 전문가는 다양한 접근 방식을 활용한다. 대전광역시 정도 규모 있는 도시의 경우 지하철이나 학교의 위치보다 스타벅스 커피숍 지표가 더 정확하다고 한다. 맥도날드나 버거킹 지표는 스타벅스처럼 의미 있는 데이터가 나오지 않았다. 단독주택을 구입하기 위해 대출 상담을 받으면 은행에서는 감정평가를 요구한다. 아파트는 평형별로 거래량이 많아 빅데이터가 구축되어 있지만, 단독주택과 같은 부동산은 감정평가 후 대출금액을 결정할 수밖에 없다. 빅데이터가 없기 때문이다.

이처럼 빅데이터를 활용한 부동산은 갈수록 중요하게 될 것이다. 따라서 '통계를 가지고 놀아라'라고 강조하고 싶다. 데이터를 자유자재로 주무르는 분석력이 성공 여부를 결정한다. 숫자는 거짓말을 하지 않는다. 데이터를 보는 눈은 하루아침에 길러지지 않으니 인내심을 가지고 한국감정원 부동산 통계시스템, 국민은행 리브온, 통계청 등 다양한 사이트에서 제공하는 자료를 연계하면서 자신만의 무기를 갈고 닦아야 포스트코로나 시대에서 실패하지 않는다. 앞으로는 예전과 달리 기후변화, 인구감소, 산업의 급변 등 다양한 변수가 있으므로 경험만으로 승부하기에 벅찬 시대가 될 것 같다.

스마트폰으로 수집되는 도시계획 통계

도시를 계획할 땐 먼저 현황분석을 한다. 사람들이 어느 지점에 많이 모여들고 이동하는지 알면, 버스 노선 보강과 공원 위치 지정 등 기반시설 배분을 적절히 할 수 있다. 그러나 일반적인 통계 수준으로 이를 결정하기는 부족한 면이 많다. 실효성을 높이기 위해 어떤 데이터가 필요한지, 데이터를 어떻게 수집할지 잘 모르고 데이터 수집 비용도 많이 들어 한계가 있다. 과학적이어야 할 도시계획의 아킬레스건이다.

이러한 한계는 빅데이터 시대가 본격화되면서 해소되고 있다. 빅데이터를 수집하는 대표적인 도구가 스마트폰이다. 앞으로 자동차 블랙박스가 인터넷으로 연결된다면 사물인터넷 허브로 부상할 것이다. 자율자동차는 이보다 더 강력한 IoT 후보로 다수의 자동차 데이터를 중첩하면 도시 거리의 일상이 거의 분석된다고 볼 수 있다.

2013년 서울시는 KT와 양해각서를 맺고 KT 고객의 통화기지국 위치와 청구지 주소를 활용해 유동인구를 파악 분석하여 심야버스 노선을 개발했다. 그해 3월 한 달 동안 매일 자정부터 오전 5시까지 통화 및 문자메시지 30억 건을 활용하여 서울시 전역을 반경 500m 크기의 1,252개 정육각형으로 나누고, A육각형에 사는 사람이 B육각형에서 심야에 통화한다면 결국 B에서 A로 이동하는 수요가 있는 것으로 판단하였다. 이렇게 스마트폰 기반 30억 건 이상의 개인들의 활동패턴을 분석하여 빅데이터를 구축하고 심야 9개 버스 노선을 마련한 것이다.

활동패턴이 많은 진한 색깔에 노선도를 배치한 심야 버스

런던에서는 교통 혼잡을 해소하기 위해 도심으로 진입하는 차량에 대해 평일 오전 7시부터 저녁 6시 사이에 8파운드의 통행료를 징수하였다. 하지만 택배회사 같은 운송회사 등이 경비 부담을 이유로 반대하며 법적 소송까지 치렀다. 결국 2003년 2월부터 정책이 시행되었는데, 시민들은 그 변화를 크게 실감하지 못했다. 영국의 데이터 분석 전문가인 크리스토퍼 오스본이 실제 혼잡통행료 징수제도가 효과를 거두고 있는지 확인에 나섰다. 정부의 광대한 교통 데이터를 활용하여 자가용과 택시는 진한 점, 자전거는 옅은 점으로 운

행을 표시했다. 8년간의 추이를 도면에 시각화했더니 변화는 극명하게 나타났다. 차량 운행은 이전보다 20~30% 감소하고 자전거 타는 사람이 확연하게 늘어난 것이다.

이처럼 포스트코로나 시대는 인공지능이 더해지면서 빅데이터의 활용도가 더욱 중요해진다. 도시계획 역시 통계 수준의 현황 분석을 넘어 빅데이터가 큰 역할을 하게 될 것이다. 고속도로를 넓히고 추가로 공항을 건설하고 자전거 도로를 늘리는 등 중요한 의사결정을 할 때마다 사람과 사물, 인터넷이 만들어 내는 데이터나 커뮤니케이션을 객관적으로 분석할 것이다.

"빅데이터는 갈수록 중요해진다.
데이터를 자유자재로 주무르는 분석력이 성공을 좌우할 것이다.
부디 통계를 가지고 놀아라!"

4

코로나로
빠르게
앞당겨진
스마트시티

도시문제의 새로운 대안, 스마트시티

도시가 생긴 이래 인류는 문제가 생기면 방관하지 않고 적극적으로 대응해 왔다. 산업화로 인해 도시로 인구가 집중되면서 주택 문제가 대두되자, 두 명의 학자가 방법을 제시했다. 먼저 에버네저 하워드는 이 문제를 도시 외부에서 해결해야 한다는 '전원도시론'을 들고 나왔다. 반면 르코르뷔지에는 도시 내부 문제는 그 안에서 해결해야 한다며 '빛나는 300만의 도시'를 제시했다. 이를 현대적으로 해석하자면, 각기 '신도시 개발'과 '도시 재정비 사업'으로 구분할 수 있다.

1930년 프랑스 파리는 빈민가의 해악이 늘어가는 상황에 제대로 대응하지 못하고, 주택 문제로 도시 개발정책도 세우지 못해 갈팡질팡하고 있었다. 이런 가운데 르코르뷔지에는 파리를 염두에 둔 '300만 거주자를 위한 현대도시 계획안'을 발표했다. 프랑스 건축계는 발칵 뒤집혔다. 그는 센강 북쪽 파리 중심부에 격자형 도로와 직사각형 녹지를 만들어 한가운데 교통센터를 세우고 60층 빌딩들을 십자가 형태로 채우고자 했다. 교통센터 각 층에는 기차역과 버스터미널, 교차로가 있고 맨 위에는 공항이 위치한다. 중심 지구의 95%를 녹지로 조성해 도심의 허파 역할을 맡기고, 시민 모두에게 고른 일조권과 너른 시야를 제공하려 했다. 오피스 건물 왼쪽에는 박물관과 시청 등 공공건물이 있고, 주변에는 빌라형 공동주택이 자리 잡아 대략 60만 명이 공존할 수 있는 도시계획이었다. 빌라형 공동주택 단지 밖으로는 250만 명이 거주하는 전원도시도 조성하고자 했다.

사람들은 이를 두고 야만적이고 냉혹한 도시계획이라고 비판했다. 르코르뷔지에는 "파리가 무엇인가? 파리의 아름다움이 어디에 있는가? 파리의 정신은 무엇인가?"라며 반문했지만, 결국 이 계획은 실현되지는 못했다.

1925년 파리장식예술박람회에서 전시한 플랜 부아쟁(Plan Voisin)
출처 : 2013 Artists Rights Society, New York

르코르뷔지에가 고층 건물로 도심을 재정비하자고 주장한 데 반해, 에버네저 하워드는 도시 외곽의 전원도시를 구상했다. 1898년 영국은 산업혁명으로 인해 인구가 도시로 집중되어 슬럼화가 심각해지자, 그는 도시 외곽에 자족형 전원도시를 건설하자는 전원도시 이론을 발표한다. 도시와 농촌의 장점을 융합시킨 '도시-농촌Town-Country'의 개념으로 인구 규모를 3~5만 명으로 제한하는 계획을 설정했다. 토지는 도시 경영 주체가 소유하고, 개인은 임대 사용하는 토지 공유의 개념도 도입한다. 시가지 규모는 약 400ha, 패턴은 방사형으로 중심부에 광장과 공용의 청사 등 공공시설이 있고, 중간지대에 주택과 학교, 외곽지대에 공장과 창고, 철도가 있다. 인구는 약 3만2,000명을 수용한다. 시가지 밖으로는 대농장, 목초지 등 약

2,000ha의 농업지대가 펼쳐져 인근 도시와 공간적 분리를 유도하며 도시 간 연결은 철도와 도로로 이루어진다. 그는 전원도시 주식회사를 설립하여 1903년 최초의 전원도시 레치워스Letchworth, 1920년 제2의 전원도시 웰윈Welwyn을 건설하였다. 그가 만든 전원도시는 환경이 매우 뛰어난 도시임이 증명되었지만, 비용이 많이 들고 당초 목적인 인구 분산에 큰 효과가 없었다. 이후 교통수단이 급격히 발달하며 모도시母都市와 커뮤니케이션이 증대됨에 따라 후속적인 전원도시의 개발은 좌절되었다.

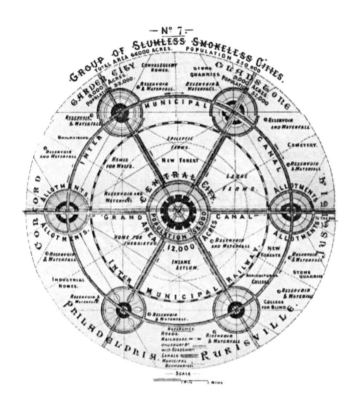

코로나를 경험하면서 앞선 두 학자처럼 적극적이고 혁신적인 도시 계획 모델을 제시하고 있는지 스스로 묻곤 한다. 시간이 지나도 도시 문제는 여전히 존재한다. 먹고 사는 문제뿐 아니라 기후변화, 미세먼지, 전염병 등 새로운 문제는 추가로 닥쳐왔다. 현재로선 이를 해결하기 위한 도시계획 모델로 시행 중인 것이 '스마트시티'라고 볼 수 있다.

일반 가정의 전자제품 종류는 얼마나 될까? 1980년대와 지금을 비교하면 그 수는 크게 늘었다. 미세먼지가 극심해지자 공기청정기가 필수품이 되었고 에어컨, 스타일러, 건조기 등 많은 가전제품이 등장해 에너지 소비량은 크게 증가하였다. 이러한 문제를 해결하기 위해 빅데이터를 활용해 자원을 실시간으로 분배하는 IoT가 요구된다. 하나의 예를 들어보자. 코로나로 인해 자가용 이용이 늘어나 교통체증이 발생한다. 산업화 시대에는 도로를 추가로 개설해 이러한 문제에 대응했다. 그러나 스마트시티는 자동차가 이용하는 도로를 배분시켜 준다. 그간 직선도로만 이용하던 것을 이면도로_{우회도로}를 안내하여 도로라는 한정된 자원을 배분해 분산을 유도하는 최적화 방식을 추구하는 것이다.

스마트시티가 파생하는 문제점과 그 대책

역사상 도시 문제에 대한 처방이 늘 완벽하지 않았듯이, 스마트시티 또한 문제점을 갖고 있다. 구글이 만들고 있는 캐나다 토론토의 사이드워크 랩Sidewalk Labs은 50년간 방치돼 있던 약 324만㎡ 부지를

토론토에 건설 예정인 사이드워크 부지 모습

구글에서 수립한 사이드워크 시티 개념도

스마트시티로 도시개발하는 프로젝트이다. 1단계는 2020년 착공, 2022년 입주를 목표로 48,000㎡ 면적에 2,500가구를 공급하는 계획이다. 스마트시티 구축에 드는 비용은 대략 1조 원으로, 초기에는 600억 원을 투자해 사람과 물건의 이동내역과 흐름, 특성을 파악한 빅데이터를 구축하고자 했다.

도시 곳곳의 수많은 센서가 기온과 소음, 쓰레기 배출량 등 방대한 데이터를 모으고 첨단 기술로 이를 분석하는 시스템을 가동하는 새로운 도시계획으로 주목을 받았다. 그런데 2020년 5월 뉴욕타임스, CNN 등 외신은 사이드워크 랩의 스마트시티 건설 계획이 중단됐다고 일제히 보도했다. 구글 측은 코로나바이러스로 인한 실물 경기 침체와 전 세계적인 경제 불확실성이 원인이라고 해명했지만, 일각에서는 다른 이유를 들었다. 개인정보 침해, 사생활 유출 등의 이유로 주민들의 반대에 부딪혔다는 것이다.

여기서 '데이터 민주화'라는 용어가 등장한다. 2006년 행정중심복합도시를 조성할 때 U시티 도시계획을 한 적이 있지만 크게 주목받지 못했다. 그 이유 역시 공공 주도로 첨단 인프라를 구축하면서 시민_{사용자}과 민간기업_{공급자}이 제외돼 한계를 드러냈기 때문이다.

코로나로 경제가 어려워지면서 주로 나오는 정책이 '뉴딜'이다. 산업화 시대는 토목 인프라가 주도했다면 21세기는 디지털 인프라 시대다. 정부는 뉴딜 사업에 2025년까지 76조 원을 투자하는데, 2022년까지 디지털 뉴딜과 그린 뉴딜 2개의 큰 축으로 추진한다. 그중 노후 사회간접자본_{SOC}의 디지털화 사업 핵심은 스마트시티다. 이에 따라 건설회사도 변화하고 있다. A건설사는 스마트 건설 환경 구축 전담 조직을 신설하였고 B건설사는 건축사업본부 내 기술연구소를 스마트 건설 기술 선도 조직으로 개편하면서 BIM_{Building Information Modeling} 담당 인력을 편입하고 AI, 빅데이터, 3D 스캔, 드론 기술 분야의 전문 인력을 보강하고 있다.

제5차 국토종합계획에서 제시한 메가트렌드는 인구 감소와 인구 구조 변화, 저성장 추세와 양극화 심화, 기후변화와 환경문제, 기술혁

신과 지능화, 사회·가치 다변화, 행정·정책 여건 변화를 꼽았다. 이를 해소하는 도시는 그간 상상으로만 그렸던 도시가 아닐까 한다. 이처럼 도시를 사는 일상도 바뀌므로 이제까지 실무에서 활용한 도시계획의 분석방법론도 다시 써야 할 것이다.

"구글이 시도했던 신도시 건설 프로젝트가
코로나, 개인 정보 침해, 사생활 유출 등의 문제로 중단되었다.
갈수록 '데이터 민주화'를 강조하는 시대로 나아갈 것이다."

5

언택트 시대,
더 중요해진
주민의
역할

도시계획가의 최고 덕목은 '경청'

A씨는 최근에 길목이 좋은 곳에 제법 많은 임대료를 내고 치킨집을 열었다. 그는 인스타그램이 무엇인지도 잘 모르는 SNS 까막눈이다. 그에 반해 B씨는 큰길에서 한 블록 뒷골목에 가게를 열고 온라인상에 가상의 가게도 동시에 오픈했다. 물론 임대료도 A씨보다 훨씬 저렴했다.

B씨 가게는 빅데이터를 활용한다. 배달 앱을 통해 2017년 1월부터 2019년 6월까지의 카드 매출액을 분석해 보았더니 일요일→토요일→금요일→평일 순으로 매출액 비중이 나타났다. 시간대별로는 저녁$_{36\%}$→야식$_{19\%}$→점심$_{15\%}$ 순으로 매출이 높았다. 휴일에는 저녁부터 야식 시간대까지 매출이 줄어들지만, 12시부터 17시까지 주문이 꾸준히 들어온다. 평일에는 12시부터 13시, 17시부터 23시까지 평균 이상의 매출이 발생했다. 이러한 데이터를 기준으로 재료를 준비하고 종업원을 채용한다. 결국 B씨가 A씨보다 더 큰 순수익을 얻고 있다.

도시계획도 마찬가지이다. 기존에는 구청 대강당에서 새로운 도시계획을 발표하는 설명회나 공청회를 열었다. 하지만 이제는 사람들이 만나기를 꺼리기 때문에 온택트로 디지털 전환$_{Digital\ transformation}$하는 기법을 활용해야 한다. 오프라인 점포와 온라인 점포를 함께 열어야 하는 시대적 요구와 맥을 같이 한다.

빅데이터를 활용하는 것은 일종의 '경청'이다. 과거에 경청은 사람의 말에 귀를 기울이는 것이었다면, 포스트코로나 시대의 경청은 빅데이터 속에 숨겨진 가치를 꿰뚫어 보는 능력이다. 일반적으로 잘 알아보기 힘든 현상의 본질을 파악하는 '인사이트'라 할 수 있다.

도시계획팀장 시절, 실무과정에서 실제 주민의 목소리를 듣고 반영하는 '참여적 계획'을 시도한다는 것은 일종의 도전이었다. 참여적 계획이 도시계획의 정당성을 부여하는 줄 알면서도 막상 현장에 적용하기에는 한계가 크다. 결국 시민 대표나 주체들을 만나고 전문가 그룹을 통해 조정하는 방법으로 절충안을 모색한다. 필자는 참여적 계획으로 학위 논문을 쓸 정도로 도시계획 기저基底의 큰 줄기는 주민의 목소리를 경청하는 것이라 여겼다.

광주광역시에는 신도심인 상무지구가 있다. 당시 필자는 여기에 인접한 지구에 대하여 지구단위계획을 재정비하고 있었다. 그 지구는 환승 역할을 하는 지하철역에 인접하고 있지만, 건축물 미관 정비가 제대로 되지 않은 상태였다. 토지 규모가 작아서 건축을 하더라도 사업성이 좋지 않아 오랫동안 방치되어 지구단위계획이 수립된 지역이었다. 어느 날 그곳의 주민들이 찾아왔다. 지구단위계획으로 공동개발을 하는 획지계획을 수립하였는데, 옆집과는 공동개발을 도저히 할 수 없으니 해제해 달라는 민원이었다.

지구단위계획 연혁을 살펴보니 당초 제3종일반주거지역과 준주거지역이었다. 그리고 2006년 7월 상업지역으로 용도지역을 상향하면서 지구단위계획을 수립한 지역이었다. 작은 규모의 부지가 대부분으로 상업지역의 최소 대지규모 기준인 150㎡ 미만의 토지가 총 92필지 중 61필지 총 3,838㎡로 61%를 차지했다. 전체면적 11,584㎡ 대비로는 33.2%에 해당했다. 그에 반해 300㎡ 이상 규모는 7필지뿐이었다. 계획의 원리상 소규모, 부정형 필지라서 공동개발의 지구단위계획은 좋은 수단이라고 볼 수 있지만, 현실은 그렇지 않았다. 이웃과 함께 개발한다는 게 자금, 시기, 관리 등을 고려하면 어려운 여건이었다.

소규모 건물(청색)과 적은 토지가 있는 지구단위계획 구역도

주민들의 현실적인 요구를 반영하고자 지구단위계획 변경을 추진하였고, 주민설명회를 개최했다. 재산권이 걸린 문제다 보니 평일임에도 많은 주민이 참석했다. 지금까지 수십 년을 살면서 본인 땅에 공공보행통로 계획이 되어 있는지를 몰랐다는 주민, 지적이 일치하지 않아 고통받아 온 주민, 이웃 간 합의가 이루어지지 않아 공동개발이 어렵다는 주민들을 만났다. 그들은 땅값이 올라 주민 간의 필지 매수가 어려운 가운데 대형 외부 자본이 들어오는 문제점도 지적하고 있었다. 필자는 '내가 그 토지의 소유자라면 어떨까?' 하는 심정으로 한분 한분을 만났다.

12년 전, 공동개발의 조건이었던 용도지역 상향은 주민들의 기대를 받았지만, 지금은 용도지역 상향에 따른 지가상승이 오히려 개발의 걸림돌로 작용하고 있다. 기준 용적률 250%인 획지에서 합필 공동개발 시 인센티브 용적률을 100% 주었다. 3) 인센티브로 용적률을 주고 있지만, 원주민의 자본으로 용적률을 찾기는 어렵고, 오

3) 기준 용적률 250% + 인센티브 용적률 100% = 허용용적률 350%

히려 건폐율 완화를 필요로 했다. 1층 매장 임대 면적이 더 중요하다는 것이다. 주민은 적은 규모라고 하더라도 허용을 해달라는 요청이 대다수였다.

주민설명회를 마치고 오면서 공동개발이라는 이상적 계획안을 포기해야 할지 유지해야 할지 갈림길에 섰다. 계획가로서 계획의 본질이 무엇인지 재검토하고, 가장 쟁점이 되는 상업지역 최소 대지면적 150㎡ 미만 부지를 구제할 방법을 구상했다. 현재 상황에서 건축이 완료되어 과소필지가 해소된 부분, 아직 최소필지로 남아 있는 부지 등을 조사해 다양한 시나리오로 접근했다. 기왕 개선한다면 지구단위계획의 본질을 살리되 토지를 실효성 있게 활용할 수 있는 방안을 검토해야 했다.

지구단위계획 구역 재정비 당시의 좁은 골목길 모습

이처럼 도시계획은 '다양한 대안 간의 끊임 없는 소통'이다. 설명회를 마치고 계획안을 정리하는 과정에서 도시계획이란 결국 주민과 함께 대안을 만들고 조정하며 이해하는 과정임을 재확인하게 되었다. 포스트코로나 시대에는 주민이 함께 모이는 형태는 아니지만, 온택트로 경청하는 자세가 필요하다. 도시계획가는 빅데이터를 통해 사람들의 마음 속에 숨겨진 생각을 꼭 집어내 대안을 마련하고 대화해야 한다. 과거에도 앞으로도 변하지 않는 본질은 '계획가의 첫 번째 덕목은 경청'이라는 것이다.

주민참여는 이상과 현실을 잇는 다리

주민참여는 도시계획의 이상과 주민이 겪고 있는 현실을 잇는 다리이다. 도시계획에 착수할 때는 문제를 진단하고 최근 이론과 유사사례를 비교 분석하여 다양한 대안을 마련한다. 그러나 당시의 도시계획 가치가 시간이 지나 퇴색되어 계획의도와 다르게 조성될 때도 있다. 그럴 때면 차라리 도시계획을 입안하지 않았더라면 하는 아쉬움이 생길 때도 있다. 이론과 현실의 격차가 벌어지는 순간이다. 그때의 해법이 주민참여이다.

이전에는 엘리트 계획가, 정책 입안자가 계획안을 마련하고 거의 완성된 시점에서 공청회를 개최했다. 주민 의견을 묻는 형식이지만 실은 '이렇게 하기로 했으니 함께 해 주세요'라는 의미였다. 그러나 포스트코로나 시대에는 인구감소, 기후변화, 저성장, 감염병과 같은 한 번도 가보지 않은 길을 걷게 된다. 그런 여건에서 서둘러 정책을 수립하기보다는 다소 시간이 걸리더라도 주민과 함께 하는 실험적 도시계획을 시도해야 한다.

코로나보다 더 큰 경제후퇴와 기후변화 문제의 시사만평

1930년대 미국 프랭클린 루스벨트 전 대통령이 제창한 뉴딜정책은 사회간접자본에 투자해 일자리를 만드는 방식이었다. 현 시점에 이러한 정책을 그대로 답습하기에는 한계가 있어 보인다. 산업화 시대의 물리적이고 기술적인 사고에서 이제 탈피해야 한다. 이제는 하드웨어뿐만 아니라 소프트파워도 함께 일어나도록 하는 실험적 도시계획이 해법이다. 시민 참여 방식도 이전의 공청회, 간담회 대신 다양한 대안이 나오고 있다. 한 예로 들 수 있는 것이 '디지털 트윈'이다. 디지털 트윈은 현실 도시공간에 분산된 센서로 데이터를 수집하여 가상공간에 연동하며 업데이트를 하는 개념이다. 데이터 수집을 위해서 개인정보보호 문제가 해결되어야 한다. 따라서 시민, 공공, 민간 등 다양한 이해관계자가 참여하여 의견을 제시하고 반영하는 협업 플랫폼이 필요하다. 도시에서 발생하는 문제에 대한 예측과 대응은 다양한 이해관계자의 관점 차이로 인해 실패의 부정적 측면이 크게 부각되는 경향이 있기에 더욱 그렇다. 물론 이러한 협업 플랫폼이 이전에 없었던 것은 아니다. 유럽에서 시작한 소셜리빙랩Social living lab은 사회적 문제 해결 모델로 주목받고 있는 시민참여 생활실험실이라고 할 만하다.

다양한 리빙랩이 운영되고 있는 암스테르담

네덜란드의 암스테르담은 200여 개의 민간주도형 리빙랩 프로젝트를 스마트시티와 연계해 운영하고 있다. 도시문제 해결을 위해 정부, 민간기업, 대학, 지역주민이 참여하여 각종 아이디어를 내고 실행하는 오픈 플랫폼이다. 그중에 암스테르담 IoT 리빙랩은 옛 해군기지로 사용한 마린테린 구역 인근에 스마트한 주차시스템을 실험하고 있다. 길가에 10분 이상 주차돼 있으면 IoT가 장착된 태양광 센서가 이를 인식해 해당 차량에 경고한 뒤 주차관리원에게 알려주는 시스템이다. 민간이 아이디어를 내고 공공재원 등 외부 펀딩을 받아 솔루션을 개발하고 있다. 또 한 곳의 리빙랩은 마린테린 구역 내 3층 건물 옥상 바닥에 빗물을 저장했다가 자동센서를 통해 식물에 물을 공급하는 원통형 특수 장치를 운영하고 있다. 이 장치는 수증기를 증발시켜 건물 온도를 낮추는 역할도 한다. 또한, 암스테르담 도심 내 100개 건물을 대상으로 빗물을 모으고, 이를 정제하여 음용 가능한 맥주를 만드는 리빙랩도 있다.

바르셀로나 리빙랩 진행과정

또 하나의 사례를 들어보자. 스페인 바르셀로나에서는 기존의 노후 공단 200만㎡약 60만평를 미디어와 ICT, 에너지, 메디테크 등이 집중된 스마트시티로 재생하는 사업을 추진한다. 트램과 전기차, 자전거와 공공 와이파이 등 인프라 구축에 이어 스마트 기술을 바탕으로 한 가로등과 쓰레기통, 주차시스템 등으로 데이터를 구축해 경제 활성화 플랫폼을 만들었다. 공공기관이 노후 공단을 스마트시티로 재생하고 공간을 제공하자 사람들이 모여들기 시작했다. 메이커들이 찾아와 도시 콘텐츠를 강화하는 선순환도 이어졌다. 사회 문제가 발생했을 때 이를 시민들과 공유하고 함께 해결하는 바르셀로나 리빙랩의 유형도 주목해볼 만하다.

포스트코로나 시대에 많은 도시는 그린 뉴딜Green new deal, 녹색 성장과 같은 정책들을 시행하고 있다. 명칭은 다르지만 개념은 비슷한 이러한 정책들은 결국 도시공간에서 펼쳐진다. 도시개발, 도시재생,

스마트시티 등 도시계획에 참여하는 주민의 역할은 더 중요해졌다. 앞으로 이들은 디지털로 변화된 환경에서 더 구체적이고 목적 지향적으로 정책에 참여하게 될 것이다. 앞으로 도시계획가는 이런 환경에서 듣고 또 듣고 설득당하면서 갈등을 조정해야 한다. 인내라는 덕목이 필요한 더 어려운 여건이 될 것이다.

주민참여기법의 유형과 진화

인간의 기본적인 참여 욕구의 본질은 이후에도 변하지 않을 것이다. 코로나 이후 공청회나 시민참여단을 구성하여 도시계획을 진행한 기획자들을 만나면서 든 확신이다. 기획자들은 한결같이 코로나로 인해 주민참여가 위기를 맞은 것이 아니라 기회의 장이 되었다고 입을 모은다. 돌이켜보면 코로나 이전에는 주민이 현장에 직접 가지 못하면 참여할 수단이 없었다. 그런데 이제는 스마트폰을 보면서 원격으로 의견을 제시할 수 있고, 시간 관계상 실황을 못 봤더라도 다시 보기를 할 수 있다.

비대면 주민참여 방식은 유튜브를 통해 지속적으로 다시 보기를 할 수 있으므로 방송장비 및 화면 자막 등 방송통신 기술이 중요하다. 도시계획 분야와 전문 방송통신 업체와의 협업을 통한 수준 높은 영상 송출이 관건이다. 또한 지루함은 줄이고 집중도를 높일 수 있도록 시민 입장에서의 진행시간과 프로그램이 마련되어야 한다. 이슈나 쟁점이 없는 공청회는 주제발표 시간에 집중하고, 쟁점이 있는 경우는 토론과 의견 청취에 비중을 두되, 최대 2시간을 넘지 않도록 할 필요가 있다.

뉴욕시 도시계획의 경우에는 매월 개최할 안건과 자료를 사전에 홈페이지에 고지하여 일반시민이 이슈별로 토론에 참여할 수 있도록 하였다. 포스트코로나 시대 이후에는 '도시계획 전용 홈페이지' 개설이 지속 가능한 참여Continuous participation의 기반이 될 것이다.

한편, 디지털 트윈과 같은 도시의 가상모델 기반 기술을 활용하여 정부, 시민, 학계, 엔지니어, 회사, 특별한 요구가 있는 그룹 등 다양한 이해 관계자가 시뮬레이션을 할 수 있는 시스템이 구축되리라 전망된다. 디지털과 빅데이터를 통해 시민의 생각을 읽어내는 주민참여 방식이 점차 구체화되고 있다.

"예전 방식의 공청회를 다시 개최할 수는 없다.
새로운 형태의 주민참여 방식으로 이전과 다른 도시계획의 길을 걷게 될 것이다."

Part 3

역사적으로 산업혁명을 가장 큰 대변혁의 시기라고 본다. 동력의 이용으로 인해 농촌에 일손이 남아돌자 사람들이 도시를 향해 대이동을 시작했다. 그렇게 성장 중심으로 집중되었던 도시계획이 이제 또 변화의 갈림길에 섰다. 포스트코로나 시대의 도시계획은 인문학적 질문과 이에 대한 해답을 찾아가는 성숙한 과정이 될 것이다.

그럼에도
변하지
않은
도시계획
본질

1

역사로
보는
도시계획의
필요성

도시계획은 왜 필요할까?

도시계획을 보는 상반된 관점이 있다. 하나는 자유시장의 무질서에 대해 계획을 세워 대처해야 한다는 견해이고, 다른 하나는 시장 자율에 자연스럽게 맡기는 것이 합리적이라는 생각이다.

도시계획의 대가라고 할지라도 미래에 대한 정확한 예측은 불가능하다. 당시에는 바른 판단으로 여겨졌지만, 시간이 흐른 뒤 처음 의도와 다른 현상이 나타나기도 한다. 예를 들어 앞으로 승용차가 늘어날 것이니 도로를 신설해야 한다고 분석했는데, 결과적으로 도로 개설이 승용차 보유를 더욱 촉진시켜 교통체증의 원인이 되는 현상처럼 말이다.

필자가 도시관리계획 재정비 업무를 하던 중에 녹지지역에 도시관리계획을 입히는 방안을 시도한 적이 있다. 녹지지역 중 자연녹지지역은 도시화한 주거지역과 인접하여 부동산 개발의 잠재력이 높은 지역이다 보니 난개발이 발생한다. 즉 개발과 보전의 첨예한 이해관계가 상충하는 전이지역이기 때문에 정책적으로도 관심이 높은 곳이다.

도심에 입지한 녹지지역의 모습

광주광역시는 도심 한가운데 약 6백만㎡ 규모의 녹지지역이 자리한 독특한 지역이다. 군 공항이 있던 1965년에는 녹지지역이 도시 외곽에 위치했지만, 도시가 팽창하면서 영산강 주변으로 비행제한구역이 지정되다 보니 녹지지역이 보전되어 온 것이다. 그러나 도시의 허파 역할을 담당하는 이 녹지에 무분별한 개발 압력으로 공장, 창고, 음식점 등이 들어서고 있었다. 결국 이곳의 도시계획은 방향과 정책 기조의 부합성, 건축물의 용도·규모·신축연도·지가 등 기초조사와 활용 가능한 관리 제도를 검토하겠다는 틀을 마련하고 시작되었다.

먼저 시의 도시관리 정책 기조인 '외곽확산 제한, 도시재생 유도'에 부합하도록 4가지 정도의 원칙을 검토하였다. 첫째로는 녹지지역 등 미개발지는 장래 토지 수요를 위해 개별입지 제한, 둘째로는 미개발지를 개발할 필요가 있을 경우는 공공개발, 셋째로는 이미 개발된 녹지지역을 우선 활용하고 미개발지역을 차후에 활용, 넷째로는 미개발지역의 도시개발은 공간구조에 의한 개발축·교통비용과 기반시설·사회환경적 비용 등의 유발을 최소화할 수 있는 순서 등으로 원칙을 설정하였다.

다음으로 국토 및 도시관련법에 의한 수단으로 도시화 예정용지, 도시기본계획의 시가화예정용지, 도시개발사업구역, 성장관리방안, 지구단위계획구역 등에 대한 장단점을 분석하였다. 이러한 과학적인 검토에도 불구하고 인구증가나 고성장 요인이 없었던 과거와 같이 도시계획을 입혔을 경우, 개발에 대한 기대감으로 땅값이 올라 오히려 미래에 개발하고자 할 때 걸림돌이 될 것이라는 의견이 있었다. 개발압력이 높은 녹지지역에 도시계획을 할 경우 부동산 가격을 올리는 기제로 작동할 수 있다. 이 경우 녹지지역에서 발생하는 이익을 다른 집단으로 이전하는 배분정책을 고려해야 한다. 그러나 이번 프로젝트에서는 수익배분을 할 수 있는 종합적인 그림도 준비되지 않았다. 도시지역으로 확장하려는 마땅한 수요가 무엇인지, 장래 도시용지로의 토지수요에 부합하는지, 인구계획은 어떻게 구상하는지 등 전반적인 내용을 보고 도시계획을 입혀야 한다는 것을 알게 되었다. 도시계획은 만능이 아니다. 어정쩡한 계획보다 현시점의 대안을 검토하되 계획은 차후로 미뤄두는 것이 최선의 정책이 될 수도 있다.

'이 지역에 도시계획을 왜 하는 거지? 시장市場 스스로 하는 게 낫지 않을까? 시장의 자율에 맡기기엔 미래가 너무 불확실하다면 공공의 개입을 최소화할 방안은 무엇일까?'

이후 도시계획을 입안할 때마다 이렇게 스스로 묻는다.

전염병과 재난에 대처하기 위한 도시계획

1665년 런던은 페스트pest에 시달리며 무려 6만8천여 명이 숨졌다. 그해 4월부터 온몸이 새까맣게 변해가며 죽는 환자가 속출해 런던 도심에 시체가 즐비했고, 악취가 진동했다. 시 당국은 큰 구덩이를 파서 시신을 집단으로 파묻는 것 외에 아무런 대책도 내놓지 못했다. 시민들은 자구책으로 소변 목욕이나 꽃향기 요법을 써봤지만 모두 허사였다. 흑사병 원인을 혈액 오염으로 진단한 의사들이 정맥피를 빼내는 치료를 하다가 과다 출혈이나 빈혈로 환자가 죽는 사례도 빈번했다. 유대인과 노숙인, 집시는 희생양이 됐다. 마을 우물 등에 독을 타거나 병균을 퍼트린다는 유언비어가 퍼졌기 때문이었다. 흑사병을 옮기는 동물로 의심받아 고양이 약 20만 마리와 개 약 4만 마리가 도살됐다. 고양이가 사라지자 실제 전염 매개체인 쥐가 대량 번식하면서 흑사병은 더욱 기승을 부렸다.

흑사병 피해도 신분별 양극화 현상이 나타났다. 서민들은 성 밖으로 피신하려다가 시 당국의 불허로 꼼짝없이 갇힌 탓에 피해가 컸다. 성 밖 출입에 필요한 건강증명서를 시 당국이 귀족이나 부유층에만 발급했기 때문이다. 지구 종말을 몰고 오는 듯했던 흑사병은 이듬해인 1666년 런던 대화재를 계기로 감쪽같이 사라졌다. 런던 판잣집을 맘대로 돌아다니며 흑사병 전염균을 퍼트리던 쥐들이 모조리 불에 타 죽은 덕분이었다. 런던 대화재가 흑사병을 없애는 새옹지마 역할을 한 셈이다.

런던 대화재는 시 전체가 잿더미로 변한 역대 최악의 화재로 기록된다. 1632년 이미 대형 화재를 겪고 난 후 목조건물이나 초가지붕을 금지하는 규정을 마련하였으나, 일자리를 찾아 수도로 몰려든 빈민들은 비싼 벽돌이나 석재로 집을 지을 형편이 되지 못했다. 불법 목조건물이 도시 곳곳에 어지럽게 들어선 상황에서 불이 났고 무려 5일간 주택 1만3천여 채와 많은 교회 건물, 공공건물 등이 불탔다. 대화재 이후 런던에서는 많은 제도 개선이 이루어졌다. 템스 강 연안 건축을 금지하고 벽돌이나 돌 건축만 허용했으며 매연을 배출하는 양조나 염색 공장은 도심 밖으로 내쫓았다. 현대식 화재보험회사도 탄생했다. 대재앙 15년 만인 1681년 의사 출신 건축가인 니콜라스 바본이 영국 최초 화재보험회사를 설립했다. 판잣집이 난립하던 도시 공간을 현대식 주택으로 탈바꿈하는 과정에서 화재보험은 높은 인기를 끌었다. 위기를 기회로 활용한 비즈니스 모델인 셈이다.

이후 전염병은 또다시 창궐했다. 1854년 9월, 영국 런던은 산업혁명

덕분에 세계의 중심에 우뚝 섰고, 인구가 몰리며 도시는 급속하게 커졌다. 1700년에 55만 명, 1800년에 86만 명이었던 인구는 1850년 230만 명으로 급증하고 1881년 400만 명, 1900년에는 650만 명으로 급속히 팽창하였다.

당시에는 자유로운 시장경쟁이라는 자유방임주의가 득세한 분위기였다. 계획적인 도시관리는 엄두조차 낼 수 없었다. 시가지의 무질서한 팽창Urban sprawl, 기반시설과 주택의 부족으로 도시는 과밀화·슬럼화되었다. 특히 서민들의 주거지역에서는 지하에 최소한의 화장실조차 갖추지 못한 간이숙소가 성행했다.

스티븐 존스는 그의 저서 「바이러스 도시」라는 책을 통해 당시 런던이 똥이 가득하고 길거리마다 악취가 가득했다고 묘사했다. 그 틈에 런던을 경악시킨 불청객이 있었으니, 바로 '콜레라'다. 그때만 해도 콜레라가 도시의 악취를 타고 전파된다고 믿었다. 사람들이 함부로 버린 쓰레기, 아무 데나 처리했던 인분 등에서 나온 독기가 공기를 타고 다른 사람에게 전염된다는 '독기毒氣이론'이다.

영국 의학자 존 스노우는 콜레라의 진짜 원인을 찾아 나섰다. 사망자들을 일일이 체크하고 감염 경로를 추적하고 당시 인구통계를 훑어가며 과학적 기초조사를 실시했다. 콜레라 희생자의 거주지를 지도 위에 점으로 표시한 '콜레라 맵'을 만들어 질병의 확산 경로를 지리적으로 파악하자, 원인이 드러났다. 감염자 대부분이 한 펌프로부터 식수를 공급받고 있었다. 콜레라는 바로 물로 전염되는 수인성 질병이었던 것이다. 그러나 이 같은 스노우의 주장이 학계에 받아들여지기까지 5년이란 시간이 걸렸다. 런던에 또 한 번의 콜레라가 창궐해 500명의 생명을 앗아간 뒤였다. 영국 정부는 그때야 식수에 문제가 있음을 인지하고 급수 시스템을 전면 개선하기에 이르렀다.

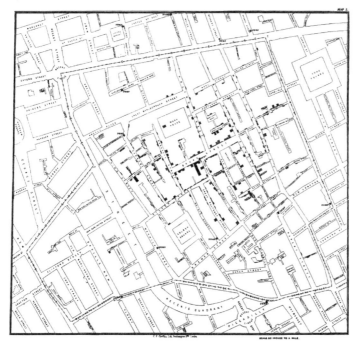

존 스노우가 작성한 콜레라 지도_ ⓒ https://en.wikipedia.org/wiki/John_Snow

잉글랜드와 웨일즈 도시들은 인구 밀집 지역의 위생 상태를 개선하기 위하여 수도, 하수설비, 배수시설, 시가지의 청소와 도로 포장 등에 관한 전반적인 관리를 구상하고 1848년 공중위생법Public Health Act을 제정하게 된다. 산업화 시대의 도시상황에 대한 최초의 법률적 도시계획이었다. 위생법을 근거로 중앙과 지방의 위생국을 설치한 후 집합주택 건설을 통해 주택건설 초기부터 위생과 관련된 관리가 시행되는 시스템이 만들어졌다. 이때 전염병이 종료되었다.

인류가 '도시'라는 공간을 만들어 모여 살면서 전염병은 본격적으로 형성되기 시작했고 인류를 괴롭히면서 같이 변화해 왔다. 코로나가 그렇듯 많은 전염병은 동물에게서 시작되어 사람으로 전파되며, 한 곳에 많은 사람이 존재할수록 더 빠르게 확산한다. 코로나 이후에도 또 다른 전염병이 나타날 것이다. 역사에서 배우듯 도시계획은 그 위기를 극복할 수 있도록 역할을 할 것이다.

"인구가 밀집한 시가지 위생 상태를 개선하기 위해
1848년 공중위생법(Public Health Act)이 제정된다.
이후 전염병이 종료되었다. 이 법이 최초의 법률적 도시계획이다."

1) 유현준, 「도시는 무엇으로 사는가」(2015), 을유문화사_p.76

상징적 권력을 나타내기 위한 도시계획

도시계획은 역사적으로 볼 때 권력의 상징을 나타내거나 보전을 위한 장치의 하나였다. 미국의 대부분 도시는 격자형 도로망 구조로 만들어져 모든 코너가 동일한 위계를 갖는다. 그런 면에서 격자형 구

조는 방사형에 비해 평등하고 민주적인 공간 구조라 할 수 있다. 1)
방사형 도시 구조는 도로가 집결하는 지점으로 시선과 동선을 집중시키고 중심에 상징적인 조형물이나 도시의 중요한 시설물을 배치한다. 미국의 수도 워싱턴 DC와 프랑스 파리가 그렇다.

1789년 프랑스혁명이 있었다. 이 사건을 통해서 절대 권력을 휘두르던 왕이 단두대의 이슬로 사라지는 것을 온 국민이 목도하였다. 이러한 경험은 정치 지도자들에게 큰 영향을 미쳤다. 이후 권력자들은 시민들이 봉기하면 언제든지 자신의 권력이 전복될 수 있다는 걱정을 하게 되었다. 1852년 쿠데타를 통해 황제 자리에 오른 나폴레옹 3세는 1853년 오스만을 센Seine 지역 도지사로 임명하고 파리를 개조하도록 명한다. 그는 1855년 파리 박람회를 앞두고 무엇보다도 넓은 도로를 개설하여 나폴레옹 3세의 위용을 보여주고 싶었다. 좁은 도로가 불편하고 환경적으로도 좋지 않았던 이유도 있었지만, 정치적 사태가 발생할 경우 공권력 행사가 어려운 점이 더 크게 작용했다. 오스만은 파리를 재개발하며 시민을 통제하기 쉬운 공간구조로 바꾸게 된다. 원리는 간단하다. 방사형의 도로망으로 만들어서 모든 길이 주요 건설도로로 연결되고, 그 도로는 다시 개선문 광장을 향해서 방사형으로 모이게 된다. 만약에 시민들이 봉기해서 거리로 쏟아져 나오면 정부는 개선문 위에 대포 몇 개만 설치해서 간단하게 이들을 제압할 수 있는 형태이다. 새로운 도시구조는 아주 적은 수의 군대로 큰 무리의 사람을 조정할 수 있었다. 이러한 방사형 구조는 중심점에 서 있느냐, 주변부에 서 있느냐에 따라서 권력의 차등을 보여준다. 2)

미국은 1790년 워싱턴 DC를 수도로 정하고 프랑스 태생의 미국 건축가 피에르 랑팡Pierre Charles L'enfant에게 신도시 계획을 맡긴다. 그

2) 유현준, 『도시는 무엇으로 사는가』(2015), 을유문화사_p.76

3) 유지선, 이수기, 「한성 도시개조 사업의 재평가: 근대도시 계획의 보편적 특성을 중심으로」, 대한국토도시계획학회지 국토계획 제50권 제3호(2015) p.11
4) 워싱턴 DC의 방사형 구조의 주요시설물 / 출처: 유지선, 이수기(2015) p10

는 신생 독립국이었던 미국의 수도에 걸맞은 상징성을 보여주고자
했다. 바둑판과 같은 격자형 구조에 방사형 구조를 결합한 형태로,
중심에는 내셔널 몰National Mall과 같은 공원이나 광장, 민주주의를
상징하는 의회 의사당Capital, 백악관White House 등을 배치하였다. 방
사형 구조에서 중요한 것은 중심으로부터 뻗어나가는 형태만이 중
요한 것이 아니라, 그 방사형 구조의 중심점이 상징적인 장소이거나
건물이어야 한다는 점이다. 3)

도시계획을 수립하는 과정에서 민주적 절차는 무시되고, 상징
적·군사적 목적이 우선되었다. 결국 도시의 기존 공간질서나 사회
구조를 망각한 채 중심점으로부터 광대한 방사선 도로가 끝없이 외
곽으로 연장되었다. 4)

워싱턴 DC의 도시계획 영향을 받아 우리나라도 대한제국 시기 고
종의 '한성의 도시개조사업'이 시작된다. 19세기 이전의 서울 중심
공간은 경복궁으로 시작되는 육조대로였다. 그런데 고종이 명성왕
후시해사건 후 아관파천을 단행하면서 경운궁과 그 일대가 서울의
중심이 되도록 도시를 개조했다. 고종은 최초 미국대사를 지낸 박
정양 내부대신에게 그 역할을 맡긴다. 초대 미국대사가 맡게 된 이
프로젝트를 두고 지금도 학계에서는 워싱턴 DC를 모방했다는 설
과 영향 정도만 받았다는 설이 갈리는 상황이다. 경운궁을 중심으
로 한 방사상 도로체계를 서울에 도입하려는 것이 개조사업의 핵
심이 되었다.
방사상 도로체계는 지금 서울의 시청 앞 또는 덕수궁 앞이 중심 출발
점이다. 서울의 궁궐들은 북쪽 산 밑에 쭉 늘어서 있다. 이런 배치는
군주가 남쪽을 향해서 백성들을 다스린다는 사상에서 나온 것인데,

새 사업에서는 궁궐을 도심 가운데에 두고 방사상 도로체계의 기점
이 되도록 했다. 워싱턴 DC의 도로체계는 하나는 백악관, 다른 하
나는 의회를 각각 기준 건물로 두고 있다. 서울의 방사상 도로체계
는 경운궁덕수궁을 그 기준 건물로 삼았다. 이것은 경운궁을 백악관
에 비견한 것이다. 그는 경운궁을 중심으로 한 새로운 도로 체계를
형성하면서 한성을 근대 도시답게 만들기 시작한다. 독립국으로서
의 위상을 보여주는 상징적 조형물인 환구단을 건설하였으며, 1899
년에는 한성 내 최초의 공원인 탑골공원이 만들어진다.

이처럼 파리, 워싱턴 DC, 한성 도시개조사업은 19세기에 근대도시
계획 사업으로 사회적 변화를 개선하고 시대의 상징성을 나타내고
자 한 도시계획으로 볼 수 있다. 5)

5) 유자선, 이수기, 대한제국 한성 도시개조 사업의 재평가 : 근대도시 계획의 보편적 특성을 중심으로대한국토도시계획학회지「국토계획」제50권 제3호(2015)_p20

포스트 코로나 시대 **부동산 & 도시계획**

2

도시계획은
개척하는
미래학이다

도시계획은 점성술이 아니다

만화가 이정문 화백이 1965년에 그린 만화 한 장이 화제다. '서기 2000년대 생활의 이모저모'란 제목 아래 35년 후의 모습을 상상한 그림이 현재의 생활을 정확히 예측했기 때문이다. 태양열주택, 전기 자동차, 소형TV, 전화기, 전파신문, 재택근무, 움직이는 도로, 달나라 수학여행이 담겨 있었다.

1965년 당시에는 불가능하다고 생각했을 법한 일들 대부분이 오늘날 현실이 되었고, 달나라 수학여행을 제외하고는 모두 경험하고 있다. 그는 "당시 미군이 사용하던 플래시의 건전지를 보고 전기를 원동력으로 움직이는 자동차를 생각해냈다"고 말한다. 만화가로서 상상력이란 프레임으로 당시 상황을 바라보았기에 가능했던 일이다.

우리는 미래가 어떻게 변할지 궁금해 한다. 대규모 투자를 앞두거나 새로운 사업을 할 때면 기대 못지않게 불안이 공존한다. 이 때문에 누군가는 사주나 점을 보기도 한다. 그러나 그런 행위는 '운명론적으로 당신은 그 길로 갈 수밖에 없어'라는 피동적인 미래로 유도한다. 트렌드 코리아를 저술한 서울대 김난도 교수는 미래를 '우연적 미래, 확정적 미래, 잠재적 미래'로 나눈다. 우연적 미래는 누구도 알 수 없는 부동산·주식시장과 같은 것이며, 확정적 미래는 3월이 되면 날씨가 풀리는 것과 같이 정보가 확실한 경우이다. 정보가 애매하여 가능하지 않을 수도 있는 부분이 잠재적 미래다. 잠재적 미래를 예측하는 것을 '미래학'이라고 한다.

스탠퍼드 대학 미래연구소 폴 사포Paul Saffo 교수는 "정확한 예측은 불가능하다. 다만 예측은 현재의 상황에서 좀 더 가능하고Possible, 그럴 듯하고Plausible, 개연성이 높고Probable, 더 좋아할 수 있는Preferred 것을 찾아가는 동시에 불확실성을 줄여가는 것이다. 불확실성을 아는 것은 가능성을 아는 것과 같다"고 미래학을 정의하였다.

도시계획은 미래를 개척하는 적극적인 액션 플랜이다. 앞으로 도시가 나아갈 방향을 그려내고 이를 어떻게 실현할 것인지를 담아내는 작업이다. 연구방법론 등 과학적 방법을 토대로 현재를 분석하여 미래의 나아갈 목표를 설정한다. 처음 수립한 이후에도 5년마다 재정비를 통해 실현 가능성을 높여간다. 도시를 계획한다는 것은 많은 사람의 욕망을 읽어내어 이를 현실적으로 실현할 다양한 대안을 마련하는 것이다. 이 과정에서 시민들에게 묻고 답을 듣는 피드백은 계속된다. 도시뿐만 아니라 우리의 삶도 같은 과정으로 지속될 수 있다.

1953년 예일대 졸업생들을 대상으로 "당신은 인생의 구체적인 목표와 계획을 글로 써놓은 것이 있습니까?"라는 질문을 던졌는데, 3%

만이 인생의 구체적인 목표와 계획을 글로 써놓았다고 답하였다. 97%는 생각만 하거나 목표가 없다고 하였다. 20년이 지난 1973년, 그때의 학생을 대상으로 조사했는데 구체적인 목표가 있다는 3%의 졸업생들이 나머지 97%의 졸업생들보다 더 많은 성공과 부를 이루고 있음이 확인되었다.

점성술을 피동적 미래인 운명이라고 한다면, 도시계획은 적극적이며 개척하는 미래이다. 미래학을 트렌드로 분석한다면 도시계획은 우리의 삶에서 그간 머릿속에 흩어져 있는 소망을 수집하여 목표로 변환하는 것이다. 준비된 미래 문제는 해결할 수 있으나, 예측하지 못한 재앙에는 막대한 비용을 치러야 한다는 사실을 이미 인류 역사를 통해 배워왔다. 도시계획은 합리적인 과학을 토대로 시민의 공감대를 형성해 가는 비전을 만드는 작업이다.

'계획'은 미래의 목표를 효율적으로 달성하기 위해 그 대상에 대하여 무엇인가를 기획하고 그것을 실현하기 위한 의지를 전제로 하고 있다. 계획 대상의 실태나 상태를 분석·관찰·기록하고, 현재의 사회 경제적인 메커니즘에 따라 단순히 미래를 전망하는 것은 계획이라고는 할 수 없다. 특히 도시계획이나 지역계획은 주민들의 일상생활에 직접적으로 영향을 미칠 수 있는 사회적 배경과 제한적 요소들에 대하여 일련의 선택과정을 거쳐 합리적인 행위 및 행동을 결정하는 것이 중요하다. 따라서 도시계획은 지속적인 계획과정과 미래의 목표를 구현하기 위한 정책적 프로그램을 비롯한 행동들을 포함해야 한다.

도시계획을 하다 보니 트렌드 학자들이 제시하는 미래도시 키워드를 관심 있게 찾아보고 노트에 정리하는 습관이 생겼다. 공통으로 많이 등장하는 단어는 실제 도시계획을 할 때 적용하기도 한다.

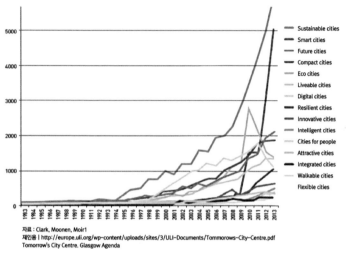

자료 : Clark, Moonen, Moir1
재인용 | http://europe.uli.org/wp-content/uploads/sites/3/ULI-Documents/Tommorows-City-Centre.pdf
Tomorrow's City Centre. Glasgow Agenda

1993년부터 언급된 미래도시 키워드 변천

토론토대학 연구소에서는 연도별 변화하는 도시의 모습을 발표하고 있는데, 최근에는 지속가능도시, 스마트도시, 미래도시, 압축도시, 생태도시 등이 대두되고 있다.

포스트코로나 시대라고 해서 과거와 전혀 다른 새로운 도시가 갑자기 생기진 않을 것이다. 도시계획은 국토계획법 제2조제4항의 도시관리계획 기조 아래 관리될 것이다. 다만, 그동안 오프라인에서 논의한 미래도시상이 온라인 공간에서도 활발히 피드백될 수 있도록 변화할 것이다.

인구 감소에 따른 국토의 변화

코로나가 유행하던 지난여름, 고등학교 동창이 찾아왔다. 인구 3만명이 갓 넘는 전라남도 한 지역에 아파트용 부지를 매입할 예정이라고 하였다. 계약체결을 앞두고 혹시나 하여 의견을 들으러 온 것이다. 이는 봄이 오면 따뜻해질 것이라는 '필연적 미래'가 아니라, 사업의 성공 여부를 알 수 없는 '잠재적 미래'이다. 주관적 가치로 이야기할 수 없는 상황이었다.

필자는 대답 대신 제5차 국토종합계획 수립과 관련해 각 지역이 정부에 의견을 낸 지역계획 건의서를 작성했던 경험을 들려주었다. 이슈는 '지방 소멸시대의 국토계획 재편'이었다. 마침 비슷한 규모 지역의 데이터가 있어서 사례로 들었다. 지방 소도시는 인구구조 변화로 주변 대도시 의존도가 더 강화될 것이라는 연구 자료였다.

당시 지역계획 건의서를 작성할 때 팀장을 맡은 나는 '과연 지방 대도시의 인구가 줄어들고 특히 생산가능 인구가 감소할텐데, 우리 도시를 어떤 청사진으로 그려야 할까?' 고민이 컸다.

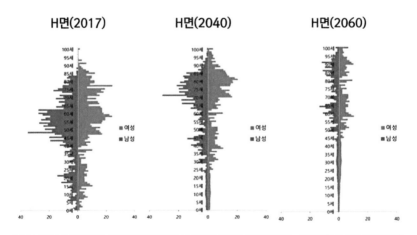

자료 : 이삼식 외 「정선군 인구댐 역할을 위한 특성화사업 발굴 연구(2017)」 한양대학교 고령사회연구원

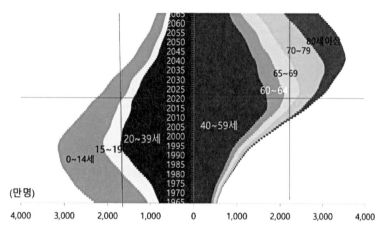

자료 : 통계청. KOSIS

이와 관련하여 인상 깊게 들은 강연이 있다. 서울대 환경대학원 모 교수가 발표한 '국토계획—인기 영합적이지 않은 난제難題에 대하여'였다.

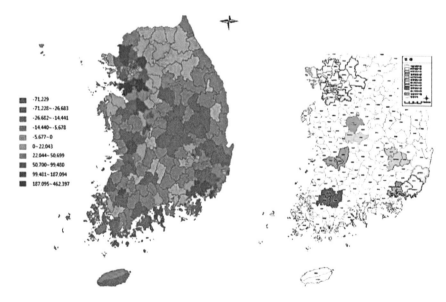

| -71,229 |
| -71,228 ~ -26,683 |
| -26,682 ~ -14,441 |
| -14,440 ~ -5,678 |
| -5,677 ~ 0 |
| 0 ~ 22,043 |
| 22,044 ~ 50,699 |
| 50,700 ~ 99,480 |
| 99,481 ~ 187,094 |
| 187,095 ~ 462,397 |

자료출처 : 김갑성 「4차 산업혁명시대의 국토종합계획. 제5차 국토종합계획 수립 심포지엄(2018)」

그가 제시한 국토 차원의 위기는 '농촌 과소지역화 Depopulated, 지방 중소도시 축소Shrinking, 지방 맹주도시들의 기능 쇠퇴부산·대구·광주·대전'였다. 그는 비수도권 대도시의 지역 중심기능 회복, 축소·과소 중소도시 및 농촌의 여가 공간화 과제에 대하여 "저성장·축소 시대에는 비수도권 13개 시·도가 각자 하나씩 갖기보다 몇 군데로 몰아주고 함께 활용하는 선택집중Concentration+네트워킹Networking= 허브앤스포크Hub&Spoke가 중요하다"고 말했다. 필자는 동창과 이러한 인구 축소시대에 투자의 포트폴리오를 짤 때, 우선순위 지역을 어디에 둘 것인지 의견을 나눴다.

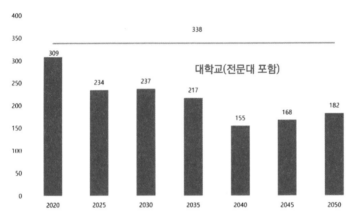

자료 : 이삼식 외 「대한민국 인구정책 중장기 방향(2018)」 보건복지부

인구구조 변동은 부동산 투자의 변화뿐만 아니라 사회시스템을 바꾼다. 학령인구가 감소할 것으로 예상되는 미래 상황에서 수업방식까지 비대면으로 이루어지는 포스트코로나 시대에는 초등학교부터 대학교까지 수급 불균형이 발생하게 된다.

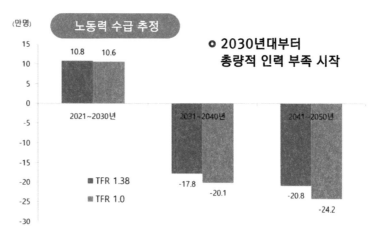

자료 : 이삼식 외 「대한민국 인구정책 중장기 방향(2018)」 보건복지부

국방인력이 부족하여 모병제가 검토되고 있고, 2030년부터 총량적 노동인력 부족이 시작되어 나이 들어서도 일을 하는 시대가 도래한다. 노인 인구가 늘어 건강보험 지출 비용이 증가할 것에 대비해 동네 공터에 운동기구를 설치하는 대안은 이른바 미래를 준비하는 예방 차원의 대책이라 할 만하다. 포스트코로나 시대의 도시계획에도 이 같은 대비책을 모색해야 한다.

3

정답이
없는
도시계획,
질문의 힘

도시계획 성패 가르는 끝없는 질문

4차 산업시대에 진입하는 이 시점에서 한양대 유영만 교수의 강연은 인상적이었다. 그는 '당신은 직장인인가? 장인인가?'라는 질문을 하였다. 이를 판단하는 기준은 아침에 출근할 때 나타난다고 한다. 다리가 떨리면 직장인이고, 심장이 떨리면 장인이다. 직장인은 자기 일만 생각하면 가슴이 답답한 사람이지만, 장인은 자기 일만 생각하면 잠이 오지 않는 사람이다. 장인은 자기 일을 어제와 다르게 하기 위해서 어떻게 해야 할지 궁리를 거듭한다. 반면에 직장인은 매일 했던 방식을 반복하면서 가급적 힘들이지 않고 빨리 끝내는 방법을 찾느라 고민이 많은 사람이다. 여기에서 차이점은 '질문'이다.

사람이 사랑하면 질문이 많아진다. 사랑하는 힘은 질문하는 능력과 동격이다. 질문이 없어진다는 이야기는 지금 하는 일, 지금 내 곁에 있는 사람을 더는 사랑하지 않는다는 이야기이다. 내가 도시를 사랑하는 장인이라면 '왜 그럴까?'라는 질문이 많아질 것이다. 다양한 인간의 속성과 가치를 연구하는 도시계획은 개발대상을 바라보지 않고 사람을 바라보기 때문에 다르게 질문하는 법에 익숙할 필요가 있다.

도시계획 용역을 발주하기 위해 과업내용을 작성할 때면 과거의 내용을 토대로 일부만 수정하는 형태로 일하기도 한다. 때로는 인공지능 시대의 도시계획을 염두에 두고 발주함에도 전체를 바꾸지 못하고, 산업화 시대의 성장 가치를 가지고 수정 정도만 하는 경우도 있다. '왜 용역을 맡기는가?'에 대해 질문을 하면 새로운 것이 보인다. 인문학이나 경제학적 측면에서 도시를 바라보는 사람들은 질문을 통해 접근하는 경우가 많다. 「도시의 승리」 저자인 에드워드 글레이저 교수는 책 서문을 통해 네 가지 질문을 던진다.

- 과거에 강력한 힘을 가졌던 도시들은 어떻게 절망의
  나락으로 빠져든 걸까?
- 왜 어떤 도시들은 극적으로 회생하는 걸까?
- 왜 그토록 많은 예술 운동들이 특정한 시기에 특정한
  도시들에서만 그렇게 많이 일어나는가?
- 왜 그렇게 많은 똑똑한 사람들이 그렇게 많은 멍청한
  도시정책을 만들고 있을까?

또 한 사람이 있다. 몽고메리가 저술한 책은 제목부터가 질문이다. "우리는 도시에서 행복한가?" 그는 도시는 부를 창출하는 엔진으로만 간주해서는 안 되며, 인간 행복을 증진하는 사회시스템으로 접근해야 한다고 역설한다. 그렇다. 도시계획은 많은 질문을 하고 답을 찾는 과정이다.

행정중심복합도시 계획에 참여할 때이다. 백지상태에서 도시를 그리는 첫 작업이다 보니 수많은 질문을 던지며 토론이 거듭되었다. 정답이 없다 보니 실무자끼리 검토하면서 대안이 수시로 바뀌었고, 전문가 조언을 받고 나면 또 수정이 가해졌다. 그때 배운 게 있다면 사람의 가치와 행복의 관점에서 도시를 계획하려면 질문하는 힘이 필요하다는 것이다. 정답이 없는 도시계획에는 더욱 해당하는 명제이다.

한 예로 지구단위계획 지침을 살펴보면 하천 주변에 아파트는 주로 탑상형 배치구간으로 설정하였다. '왜 천변에는 탑상형 배치를 하는

가?'를 질문하면 답이 보였다. 도시의 바람길과 경관보전을 위해서다. 서울의 한강은 동서東西 방향으로 흘러 남향을 누리며 조망권도 확보할 수 있다. 개발업체의 '보이는 만큼 비싸다! 조망권 프리미엄'이라는 홍보 문구처럼 강변에 성벽처럼 판상형으로 배치할 수밖에 없는 조건이다. 광교신도시의 국토교통부 실거래가를 보더라도 145㎡ 기준으로 조망 여부에 따라 연간 상승률은 9%나 차이를 보였다. 그러나 판상형은 도시의 바람길을 막는 문제가 있다. 공공성 측면에서 아파트를 건설하려면 바람길을 막는 판상형보다 탑상형을 요구하는 도시계획을 하게 된다.

행정중심복합도시 계획과정에서 끊임없는 질문과 토론이 이어졌다.

광주광역시에서 도시계획팀장을 하던 시절이다. 초고령화에 대비하는 토론회가 자주 있다 보니 도시계획 관점에서 건강도시에 대한 의견을 제시해달라는 요청이 있었다. 그쪽 방면에 논문을 쓰거나 깊이 있는 연구를 하지 않았지만, 스스로 주제에 대한 질문을 던지고 답을 찾아가려고 노력했다.

'건강 도시는 병원시설이 많은 도시일까, 시민들끼리 교류를 높일 수 있는 근린공간이 많은 도시일까?' 등 다양한 질문을 하며 원고를 준비했다. 대화상대가 없고 외로운 고령 계층에게 정작 필요한 건 교류 아닐까? 좋은 병원에서 치료받는 것보다 좋은 친구를 사귀는 일이 더 건강에 도움이 될 수 있다. 병원이나 생활체육시설과 같은 공학적 접근 방식 대신 서로 모일 수 있는 근린공간 계획이 함께할 때 도시계획의 가치 철학이 만들어질 것이다. 당시 필자는 이러한 주제를 들고 토론회에 참석했다. 도시기본계획을 수립할 때도 마찬가지이다. 인구지표를 추계할 때 사망인구, 출생인구 외에 외부인구 유입 요인을 조사한다. 도시 및 주거환경정비기본계획에 의한 수용예정 주택 수, 주택법에 의한 주택건설사업계획 승인에 의한 수용예정 주택 수, 산업단지계획 승인지역 수용예정 주택 수, 멸실주택 수 등이다. 여기서 또 질문이 생긴다. 이러한 개발사업으로 외부인구가 유입되는 것일까? 유입률 사례와 학술연구를 토대로 상수를 정해보니 예전보다 인구가 감소하였다. 이에 따라 '외곽확산 방지, 도심 재생'으로 도시계획 기조를 정하였다.

이와 관련하여 도시성장 한계선 도입 의견이 있었다. 무분별한 도시 외곽 신규 개발을 억제하고 지속가능한 도시계획을 수립하자는 것이다. 학술논문이나 이론상에 논의가 있었지만, 현실적으로 가능한지 고민이 되었다. 도시기본계획에 언급하고 후속 조치가 이루어지지 않으면 선언에 불과하다. 광역시에서 도입한 사례가 없어 도입을 일단 보류했다. 그런데 이후 A시에서 도시기본계획에 '성장한계선'을 도입한 걸 보고 대단하다는 생각이 들었다. 성장한계선 내부는 기존 시가지의 재생 및 정비를 도모하고, 성장한계선 외부는 훼손된 녹지·생태자원 복원사업과 이미 지정된 시가화 예정용지의 개발밀도 하향, 신규 택지개발을 지양토록 하여 도시의 외연 확산을 방지하겠다는 것이다.

A시는 도시 전체를 6개 지역의 성장한계선 관리지역으로 세분하였다. Inner-city기존 도시화 진행된 지역, Middle-city장래 도시화 진해예상지역, Outer-city도시화 억제지역, 읍·면 도시지역 제외, Transition zone생태보전지역 보호를 위해 필요한 지역, Buffer zone생태계보전지역 지원을 위한 건전한 생태활동에 적합한 지역, Eco-reserved zone자연경관·생태계 원형보전이 필요한 지역이다. 이에 대하여 기대를 가지고 지켜보았는데, 아쉽게도 후속조치가 이루지지 않아 이상을 현실로 실현하는 어려움에 대해 다시금 공감하게 되었다.

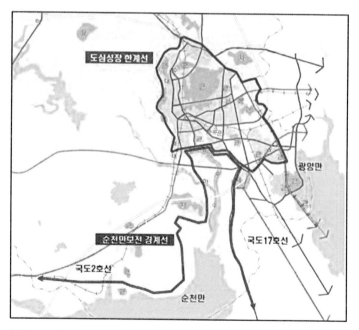

출처 : 2030년 A시 도시기본계획 중 성장한계선

실무를 하면서 '도시계획이 무엇인가'에 대해 자주 생각한다. 도시를 '개발의 대상'으로 바라볼 것인지, 공간을 통해 사람들을 행복하게 하는 '공존의 장소'로 바라볼 것인지 원론을 되짚어 보기도 한다. 앞으로 도시문제는 과거와 달리 다양한 분야에서 발생할 것이다. 이전에는 주택 부족, 교통 체증의 문제였다면 포스트코로나 시대에는 물리적 사고로는 해결할 수 없는 도시문제가 나타날지 모른다. 그때마다 우리는 본질에 대해 질문하는 힘이 필요하다.

"장인은 질문하며 해답을 찾기 위해 애쓰는 사람이다. 다양한 사람이 살아가는 도시를 계획하는 작업도 그렇다. 도시계획은 수많은 질문을 하고 답을 찾아가는 과정이다."

4

도시계획의
과학적
접근

과학적 데이터를 활용한 도시계획의 중요성

1859년 영국 왕립통계학회에서 최초 여성 회원이 선출되었다. 그녀는 백의 천사 플로렌스 나이팅게일이었다. 1853년 그녀는 크림반도 흑해를 둘러싼 전쟁터 야전병원에서 매일 병사들이 죽어가는 모습을 보며 사망원인을 찾고자 했다. 총에 맞아서인지, 전염병인지, 또 다른 원인인지 꼼꼼히 기록하였다. 사망한 군인의 수를 분석해보니 전쟁보다 질병으로 사망한 군인의 수가 더 많았다. 당시 군 의료시설은 너무 열악해 전염병이 발생한 것이다.

그녀는 영국 국회의원을 찾아가 의료시설을 개선할 수 있게 예산을 배정해달라고 요구했다. 그러나 계속 퇴짜를 당하자 그녀는 사망자 데이터를 분석한 '로즈 다이어그램'을 그렸다. 사망자 수를 월별로 표시하기 위해 12개의 파이 모양을 만들고, 사망 원인별로 색을 달리해 파이를 채워 넣었다.

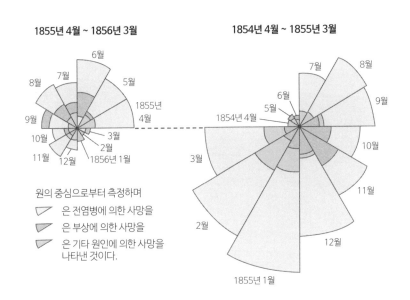

이렇게 만든 장미 모양의 로즈 다이어그램은 의회 사람들을 설득하는데 성공하고 이후 야전병원의 위생 상태가 개선되었다. 43%였던 사망률이 1개월 만에 2%로 낮아지는 기적이 일어났다. 사람의 생명을 살린 단서는 과학적으로 분석한 데이터였다.

도시계획은 고대부터 행해왔지만, 근대 이전에는 절대적 지배자들을 위한 정치 수단에 국한되었다. 과학적이며 철학적 성격을 띠기 시작한 것은 불과 1세기 정도 밖에 되지 않는다. 그러나 실무과정에서 과학적 접근법을 적용하는 것이 어려운 난제였다. 주로 통계 혹은 사회 · 경제적 분석 방법 등을 검토하지만, 시간의 흐름에 따른 공간 변화를 반영하지 못하고 전문가들의 직감에 의해 도시계획 방향을 설정하고 있는 것이 현실이다.

도시기본계획을 수립할 때, 초안을 마련해 시민에게 공개하기 전에 시청 내 공무원을 대상으로 설명회를 연 적이 있다. 다양한 의견 중 다음과 같은 지적도 있었다.

"구청별, 생활권별로 인구 구성이 다르다. 어떤 생활권은 고령자가 많고 어떤 곳은 학생들이 많은데, 경로당이나 유치원 등 생활편익시설을 획일적으로 배분하는 것보다 수요자 중심으로 계획하기 위해 데이터를 과학적으로 제시했으면 좋겠다"는 것이다.

당시에 초안이 완료된 상태여서 시간적 문제, 추가 과업 예산 부족 등으로 시행하지는 못했다. 앞으로 과업 내용을 작성할 때 과학적 분석에 대한 항목, 방법 등을 기재하는 것이 필요하다고 느꼈던 게 불과 얼마 전이다. 도시 · 군기본계획 수립지침에서는 인구 · 경제 · 자연환경 · 생활환경 및 사회개발의 현황, 재해발생 구조와 재해위험 요소, 범죄 취약성에 대한 물리적 환경 및 사회적 특성, 저출산 · 고령화 추이 등을 파악하도록 하고 있다. 주로 설문조사를 활용하는데 이는 시민의 마음을 읽기에 한계가 있다. 포스트코로나 시대에는 이전처럼 통계적 차원의 분석에 머물지 않고 빅데이터를 과학적으로 분석하여 시민들의 마음을 읽고 미래의 바람직한 방향을 예측하는 합리적인 도시계획이 요구된다.

포스트코로나 시대에는 도시계획에 있어 물리적 변화 뿐만 아니라 사회경제적 측면의 변화도 분석해야 한다. 인구이동, 통화량, 유동인구, 산업체의 이동, 카드매출 등 산업 활동의 전반적인 상황에 대한 정형·반정형·비정형 데이터 분석이 필요하다. 포털사이트가 제공하는 소셜 검색어를 중심으로 트렌드를 파악하고, 카드사 소비데이터를 파악해 도시공간과 관련된 주제나 이슈를 정리해야 할 것이다. 이후 현장조사를 하고 새로운 의문이 생기면 분석하고 다시 현장에서 답을 찾아보는 적극적인 자세가 필요하다.

도시계획의 자료분석 및 데이터 수집 방향

도시계획 실무를 하면서 기초자료들이 시·공간 단위와 연계되지 않아 데이터로써 제대로 활용되지 못하는 경우를 많이 접했다. 단순한 통계적 자료만 가지고는 도시의 미래를 예측하기 어렵다.
도시계획은 도시의 기후, 지형, 지리적 위치, 토지이용상황, 도로 및 각종 시설 등을 조사하고 경제·사회적 요소 등 기초자료를 수집해 현황 및 문제점을 분석한다. 그런 자료가 분석되면 지역의 특성과 변화 정보를 예측해 종합적인 도시 이용과 정비에 관한 종합계획서를 작성한다. 이러한 계획서 초안이 발주자_{지방자치단체 등}에 제출되면 지역주민, 지자체, 의회, 관계 행정기관 등의 의견을 수렴하는 과정을 거친다. 그리고 중앙 및 지방정부와 주민, 기타 이해 당사자 등의 의견 수렴과 심의과정에서 기술적 조언을 받고 수정을 거쳐 계획이 최종 확정된다.

지난 수십 년간 이러한 방식으로 도시계획을 진행했다. 관례에서 벗어나 낯선 길로 가기에는 두려움이 앞선다. 높은 비용과 실패에 대한 걱정으로 종전의 계획서 체계를 따르는 게 사람의 마음이다. 그러나 포스트코로나 시대에는 이런 식으로 도시계획을 지속할 수는 없다. 우선, 기초자료 조사 방법이 개선되어야 한다. 지난 문제점을 추려보면 다음과 같다. 1)

첫째, 기존 자료는 법규 및 지침에서 규정하는 항목에 한하여 형식적으로 나열한 정도였다. 그마저 전차_{前次} 계획을 그대로 활용한 것이 대부분이다. 포스트코로나 시대에는 개별적·파편적 분석에서 벗어나 분석 인자 간 상호 연계되도록 하여야 한다.

둘째, 인구와 가구는 시계열 자료가 있어 어느 정도 자료로 가치가 있지만, 시계열 자료를 얻기 어려운 항목은 반쪽짜리 자료에 그쳤다. 이제 다양한 빅데이터가 구축되었다. 일부 비용이 많이 들기는 하나, 시계열 분석을 할 수 있는 많은 자료를 통해 도시의 미래를 전망할 수 있도록 하여야 한다. 데이터는 특정 시점에 한정된 분석은 무의미하다. 시계열 변화를 분석해야 지역을 제대로 진단하고 이에 대한 대응을 모색할 수 있다.

셋째, ICT의 핵심은 데이터이며, 데이터의 핵심은 사람이다. 사람과

1) 참고 : 최현옥 「Big Data 시대의 도시조사분석 방법」(2017)」

산업의 이동에 대한 분석이 선행되지 않으면 소프트파워 도시계획
으로 넘어가지 못한다.

개별적 파편적 지적 기반 자료 분석	시계열 분석 미흡	사람과 산업의 이동에 대한 분석 부재
- 법규 및 지침에서 규정하는 항목에 한해 형식적 분석 시행	- 인구 및 가구 등 시계열 자료가 있는 경우에 한정한 분석	- ICT의 핵심은 Data이며, Data의 핵심은 사람
- 분석 인자간 상호 연계성 분석이 없으며, 기초자료 조사에 과도한 시간 소요	- 시계열 자료 구득이 어려운 항목은 시계열 분석 생략 문제	- 사람과 산업의 특성과 변화에 대한 분석 부재 문제

출처 : 최헌욱 「Big Data 시대의 도시조사분석 방법(2017)」

이보다 더 심각한 문제가 있다. 도시계획을 하면서 정작 어떤 정보
가 필요한지 모른다는 것이다. 시행착오를 거치다가 용역 준공 기한
이 임박해서야 실무에서 '이런 데이터가 필요하구나!' 깨닫게 된다.
필자의 경우는 물리적 현황, 인구 특성, 산업 특성 등 3가지로 유형
화하여 각기 필요한 세부 데이터 항목을 찾아내는 방법을 사용한다.

- 물리적 현황 및 변동 : 토지이용, 건축물, 도시기반시설 등
  물리적 현황에 대한 조사와 변동 상황 등
- 인구의 특성과 이동 : 성별, 연령별 인구 현황과 인구구조의
  변동 및 이용에 관한 세밀한 분석
- 산업의 특성과 변동 : 산업체의 특성, 종사자 수, 소재지
  변동 등 산업의 특성과 변동에 관한 분석

도시조사 분석 방법인 BMW_{Big data, Mobile, Wearable}에 따라 세부 데

이터를 각종 사이트에서 찾아내어 레이아웃시킨다. 사이트 종류는 공공데이터 포털행정자치부, 국가공간정보포털국토교통부, 공간정보 오픈플랫폼 지도국토교통부 등을 리스트하여 관리한다. 각 사이트는 이 장 말미에 소개

도시정보의 80%는 위치와 관련된 것이므로 좌표 기반 빅데이터를 구축할 때 셀Cell 단위 분석을 통해 미래 변화를 예측할 수 있다. 그리고 지역 통계 데이터를 적용하여 요소별 변화를 시계열별로 시뮬레이션하면 효과적이다. 특정 시점에 예상되는 변화를 예측할 수도 있다.

미국 시애틀 소재 워싱턴 대학은 경제 및 인구변화, 접근성, 인구 및 고용이동, 입지 선정, 부동산 개발, 지가 등을 데이터화하여 150×150m 크기의 셀 단위로 모형화해 시나리오를 만들었다. 도시 성장관리를 위한 계획이 실제 도시에 어떤 영향을 미치고, 어떻게 변화시킬지 분석하기 위해 웹 기반 개발형 소프트웨어로 개발한 것이다.

상하이 도시전시관, 베를린 도시계획청에 가면 건물 홀에 도시를 축소한 모형을 전시해 둔 것을 볼 수 있다. 필자도 그러한 모형을 만들어 도시 발전상을 보여주었으면 하여 도입을 검토한 적이 있다. 이 책을 쓰는 지금은 도입하지 않은 것이 다행이라고 생각된다. 코로나 이전에는 '전시용' 도시계획이 홍보 역할이었다면, 코로나 이후에는 현실 세계의 도시 전역에 분산된 센서로 실시간 수집된 데이터를 분석할 수 있는 가상 도시공간이 현실 세계와 연동되는 실효성 있는 도시계획 정보를 요구하고 있기 때문이다.

디지털 트윈의 구성요소는 정보를 수집할 수 있는 사물인터넷과 센서, 수집된 데이터를 모아두는 클라우드, 스스로 판단할 수 있는 인

공지능이다. 사람이 아프면 병원에 가서 CT나 MRI를 찍어 더 자세한 정보를 얻는 것처럼 도시 전체를 센서를 통해 촘촘하게 정보들을 수집하여 분석하는 새로운 도시계획이 시작된 것이다. 이로써 도시 문제를 사전 예측하여 비용을 절감하고 문제를 최소화할 수 있는 가능성을 열게 되었다.

이러한 도시계획 모델은 해외의 경우 싱가포르와 바르셀로나가 앞서가고, 국내에는 전주시와 인천시가 구축을 시작했다. 전주시는 2019년 12월 교동 일대에 소나무 심기 행사를 했다. 한국국토정보공사$_{LX}$가 디지털 트윈을 활용한 시뮬레이션을 한 결과, 바람길을 만드는 길목 중의 하나인 전주시 교동 일대에 소나무 40그루를 심는다면 1년에 이산화탄소 200kg을 줄여 미세먼지 절감에 효과적인 것으로 나타났다. 모의시험을 통해 이산화탄소 배출량, 온도, 토양 등을 고려해 나무 심기에 적절한 부지를 선정하고, 전주시가 보유한 수종을 가상공간에서 심은 결과이다.

다음·네이버·구글 포털사이트의 지도서비스는 원래 길을 찾는 데 도움을 주기 위해 시작됐다. 그러나 이제는 현장을 가지 않고 일대 사진을 볼 수 있는 용도로 변화하였다. 앞으로는 20개의 센서가 있는 수집 장치가 있는 자동차를 운행하면서 데이터가 모여 가상공간으로 보내질 것이라 한다. 이미 드론이나 헬기로 지상 150~300m 높이에서 스캔한 데이터를 활용해 3차원으로 가상공간도 만들고 있다. 실제 공간에 센서를 설치하여 가상공간으로 연동시키면서 사전 시뮬레이션이 가능하다. 예를 들어 집중호우가 왔을 때 어느 지역이 침수되는지 사전에 분석하여 하수도 시설 등을 보강할 수 있다. 수많은 가로등에서는 주변 대기질은 물론 소음, 습도 등 많은 정보를

수집한다. 이처럼 수많은 센서가 현실 세계에 있는 정보를 가상공간
으로 실시간 보내어 연동·갱신할 것이다.

전주시를 운행하며 정보를 수집하는 기준 자동차

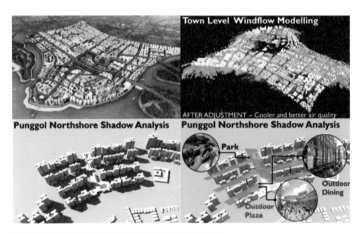

바람의 방향과 건물의 그림자 분석을 통한 신도시 설계
출처 : How we design and build a smart city and nation, TEDx Talks

이제 현실공간을 가상공간으로 만들고, 계획한 내용을 미리 가상공
간에서 운영하고 관리할 수 있도록 하는 공간 정보계획이 가능하다.
여기서 중요한 것은 어떤 정보를 어떤 방법으로 수집·분석·처리
하느냐 하는 문제이다. 이용할 수 있는 자료의 양과 질에 따라 분석

가능한 대안, 분석결과 등이 달라질 수 있기 때문에 의사결정에 필요한 정보의 수집과 유지가 매우 중요하다. 정보를 효율적으로 도출하기 위한 계획지원체계를 구축해 하나의 통합 체계 시스템으로 구축하는 작업이 필요하다.

고성장과 인구증가 시대에는 도시계획이 산업, 주거, 관광단지를 효율성 있게 개발하기 위한 수단이었다. 즉 토목이나 건축과 같은 물리적 개발로만 이해하는 좁은 의미의 접근이다. 포스트코로나 시대의 도시계획은 도시 발전을 도모하고 제대로 관리하기 위한 모든 개발행위 총체로 인식해야 한다. 사회, 경제, 행정, 복지, 문화 등 도시계획의 대상도 변화하고 있다. 시장경제, 교통, 주택, 환경, 복지, 교육, 범죄, 인구, 재정 등의 비공학적인 요소와 인간 행태에 관한 요소가 복합적으로 상호작용하여 이들이 도시 내에서 융합성장Mutual growth하도록 유도하는 방향으로 계획해야 한다.

≪참고≫ 도시계획 자료 분석을 위한 관련 사이트

* 공공데이터 포털 / 행정자치부 / www.data.go.kr

국가가 보유하고 있는 다양한 공공데이터 제공

* 국가공간정보포털 / 국토교통부 / www.nsdi.go.kr

국가 · 공공 · 민간에서 생산한 공간정보 제공

* 공간정보오픈플랫폼 지도 / 국토교통부 / http://map.vworld.kr

국가 · 공공 · 민간에서 생산한 공간정보 제공

* 부동산 실거래가 공개시스템 / 국토교통부 / http://rt.molit.go.kr

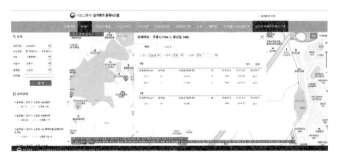

아파트, 다가구, 연립, 빌라, 다가구 주택 실거래가 조회 서비스, 지역별, 금액별, 면적별, 통합 조회 안내

* UPIS 도시계획 통합정보서비스 / 국토교통부 / http://upis.go.kr

도시계획, 개발행위허가, 지구단위계획, 내땅의 도시계획, 고시정보, 도시계획통계,
알림 마당 등 정보 제공

* 산지정보시스템 / 산림청 / www.forest.go.kr

산지의 용도 현황, 필지·토양·임상 정보, 규제지역 등 검색

* 환경영향평가정보지원시스템 / 환경부 / www.eiass.go.kr

환경영향평가서 원문검색, 추출 및 행정정보, 검토현황, 연구보고서 등 제공

* 건축행정시스템 세움터 / 국토교통부 / www.eais.go.kr

건축허가 접수 및 처리, 건축행정 데이터 제공 등

* 지방행정 인허가 데이터 개방 시스템 / 행정자치부 / www.localdata.kr

50년간 축적된 자치단체 인허가 정보를 개방하여 국민 경제활동에 지원

* 소상공인 상권정보시스템 / 중 소벤처기업부 / http://sg.sbiz.or.kr

상권분석, 경쟁분석, 입지분석, 순익분석 데이터 제공

"코로나 이전에는 전시용 도시모형이 유행이었다.
코로나 이후에는 현실의 도시 전역에 분산된 센서로 실시간 수집된 데이터를
가상 도시공간으로 연동하는 디지털 트윈 시대로 변화되고 있다."

5

인문학
감각이
강조되는
도시계획

도시계획은 더 이상 공학이 아니다

필자가 처음 접한 도시계획은 도시 공간 형태를 설계하고, 조닝으로 선을 긋고, 색칠하면서 획지를 계획하는 일이었다. 그동안의 도시는 산업화로 인해 농촌에서 도시로 인구가 이동하며 만들어졌다. 인구가 집중되면서 도로, 공원, 학교, 광장, 공공청사 등 부족한 기반시설을 세우고 주택을 공급해야 하는데 예산은 부족했다. 기존 도시 크기로는 인구를 다 수용할 수 없어서 비도시지역을 시가지화 예정용지로 지정하고 그곳에 도시계획선을 그어가는 공학적인 접근 방식을 채택했었다.

시간이 흐르고 도시계획의 경험이 쌓이면서 이제 사람이 보이기 시작했다. 인구가 늘고 고성장하는 도시화 시대에는 특별한 마케팅이 없어도 도시가 성장했다. 그러나 이제 인구가 줄고 성장이 늦춰지는 시대에 접어들면서 이야기가 달라졌다. 일자리가 있는 도시, 그곳만의 독특한 문화가 있는 도시가 좋은 도시로 여겨진다. 성장에서 성숙의 도시로 목표가 바뀌면서 공학이 주도한 도시계획은 인문학을 요구하고 있다. 필자는 그런 도시계획을 '소프트파워 도시계획'이라고 말하고 싶다. 산업화 시대의 '하드웨어 도시계획'에서 포스트코로나 시대의 '소프트파워 도시계획'으로 바뀌고 있다.

도시를 보는 프레임을 바꿔라

사람마다 철학이나 관점에 따라 도시를 보는 프레임이 다르다. 르코르뷔지에는 도시를 기계로 보는 건축가로 "직선이야말로 인간의 본

능적 수단이며 이성적 사고의 높은 단계에서 만들어지는 정신의 순수한 산물이다"라고 말할 정도였다. 그는 미국식 공업 모델에서 채택한 테일러적이고 포드적인 전략을 가지고 프랑스의 기업가들이 그 선구자가 될 것을 희망했다.

우리나라에서도 부동산 대책을 마련할 때마다 그가 주장한 '300만의 도시' 모델이 논의된다. 서울의 부동산 가격이 폭등하면 주택 공급이 부족하다는 문제가 항시 제기된다. 르코르뷔지에는 자신이 세운 새롭고 현대적인 건축 형태가 도시 주택 위기에 대한 대응책이 될 것이라고 여겼다. 더 많은 사람에게 주거를 제공하고, 하층 계급 사람들의 삶의 질을 끌어 올리는 해결책이 될 수 있을 것이라 보았다. 그런데도 이 계획안은 반대 담론을 불러일으켰다.

이처럼 새로운 도시계획 모델이 등장하면 많은 반대가 있어 왔다. 포스트코로나 시대에는 이전과 다른 새로운 도시 모델이 속속 발표될 것이다. 이때 과거와 같은 공학적 관점을 벗어나 인문학적 사고를 더한 유연성이 필요하다.

스위스 화폐에 도안되어 있는 르코르뷔지에의 초상과 찬디가르 도시계획 개념도

사람을 만나는 도시계획 여행

여행의 방식이 바뀌고 있다. 과거에는 유럽 10개국을 점을 찍듯 다니며 사진으로 증표를 남기고 이동했다. 이제는 한가로운 해변에서 음료를 올려두고 책을 읽는 모습을 찍은 사진을 SNS에 올린다. 한 도시를 여유 있게 돌아보며 깊이 알아가는 방식으로 변모한 것이다. 필자 역시 처음에는 관광지와 명소를 보러 여행을 다녔다면, 도시계획 실무를 맡고는 그 지역 사람을 알아가기 위한 여행을 한다.

필리핀 타워빌이란 신도시에서 며칠 머문 적이 있다. 마닐라는 도로를 개설하면서 그곳의 철거민들을 이주시키기 위해 마닐라에서 자동차로 4시간 거리에 신도시를 만들었다. 그 도시 이름이 타워빌이다. 20㎡ 규모의 주거용 획지 15,000개를 임대용으로 공급했지만 공장이나 마켓, 공원은 없다. 일자리가 없어 생계가 막연하다 보니 가족의 가장은 다시 마닐라로 돌아가 생업을 유지해야만 하는 실정이었다. 처음 6개월간은 생활비도 보내지만, 몸이 멀어지면 마음이 멀어지는지 많은 가장이 가족에게 돌아오지 않았다고 한다.

그곳에서 보낸 7일 동안 낯선 가정집을 찾아 한 분 한 분 이야기를 들으며 눈시울을 훔쳤다. 쌀이 떨어져 걱정하던 할머니, 농구선수가 되고 싶다던 어린 학생, 지금 삶은 어렵지만 요리사를 꿈꾸며 희망을 버리지 않는 10대 미혼모까지 뜨거웠던 1월의 타워빌에서 도시계획 생태계의 본질을 다시금 생각했다. 그리고 일자리와 공공시설이 있는, 사람들에게 진짜 필요한 휴식을 주는 도시가 무엇인지 깨닫고 돌아온 여행이었다. 어려운 삶이지만 마닐라에서 택시를 운전할 수 있어 감사하다며 웃던 빡빡이 아저씨가 지금도 가끔 생각이 난다.

공감대를 찾아가는 도시계획가의 언어

세계를 뒤흔든 영화 '기생충'의 봉준호 감독에게는 독특한 의사전달 방법이 있다. 자신이 직접 상세한 그림을 그리고 주석을 달아 영화 제작에 참여한 모든 사람에게 각 장면을 이해시킨다는 점이다. 그렇다면 영화보다 더 불특정 다수가 생활하는 도시를 계획하는 사람은 어떤 언어를 사용해야 할까? 요즘 등장하는 콤팩트시티, 스마트시티, 뉴어바니즘 같은 계획가의 언어는 낯설고 어려워 그 뜻을 전문가들도 설명하기 어렵다.

도시를 만드는 주체마다 역할이 있다. 주체 간 힘의 균형이 잘 유지되어야 좋은 도시가 만들어진다. 개발 사업자의 힘이 지나치게 셀 경우는 과밀개발이 되고, 과도한 규제는 도시발전을 더디게 한다. 환경을 보존하려고 노력하는 시민단체도 그렇다. 그러나 막상 도시를 살아가는 시민들은 조직화되지 않아 힘의 균형에서 밀리고 있다. 시민의 입장에 서는 것이 공무원의 역할이라고 본다. 도시계획을 담당하는 공무원마다 가치는 제각기 다르겠지만, 필자는 '공평, 공정, 공개'라는 3공 언어를 가치로 도시계획팀장 시절을 보냈다.

광주광역시 '지구단위계획수립 기준'을 제정할 때의 일이다. 타 시도 사례를 살펴보고, 그간 도시계획위원회를 운영한 내용을 분석하였다. 그렇지만 광주시의 여건과 역사를 고려하다 보니 다른 시도 기준을 베끼지 않고 새로운 작업을 하는 쪽으로 결정했다. 도시는 살아 있는 생물체이다. 지금 어떤 정책적 가치에 무게를 실어주느냐에 따라 5년 이후의 도시 모습은 달라진다. 지나치게 한쪽 편으로 기울여 정책을 시행한다면 기형적인 성장이라는 부작용이 따른다. 이런 측면에서 현시점이 아닌 미래를 내다보며 판단하다 보니 도시계획은 정답이 존재하지 않는다. 그래서 참여한 테스크포스팀원 간에 키워드를 마련하였다. '공평하고 공정하게 그리고 제정과정을 투명하게 공개하자'는 것이었다.

우리는 건설업체 간담회, 시민단체 세미나, 시민설명회, 학회 세미나, 심포지엄 등을 수시로 열어 의견을 들었다. 그리고 종상향 제한지역을 숫자로 제시할 때는 실험을 통한 시뮬레이션으로 최대한 객관적이고 과학적인 근거를 제시하였다. 자동차 전용도로 주변의 소음을 측정하니 도로변으로부터 150m 이내 지역은 소음 영향이 있었고, 강가의 찬바람 영향권을 실험해 보니 100m 이내가 해당하였다. 단독주택지에 아파트를 새로 건립할 경우, 점형 용도지역Spot zoning 문제가 있어 광주시 단독주택지를 대상으로 다양한 시뮬레이션을 진행했다. 건립 예정지 200m 이내 지역 내 2층 이하 건축물이 있는, 대지면적 50%를 초과하는 지역을 제한할 필요성이 있었다. 이러한 지역을 아파트 건립을 위한 종상향으로 제한하는 기준을 설정하였다.

상위계획인 도시기본계획, 도시경관계획에서 제시한 미래상을 알기 쉬운 언어로 전환하기 위하여 기준의 방향을 '성장시대에서 성숙시대로 변화, 공공성, 친환경 계획, 건축물의 디자인 수준 향상'으로 구성과 맥락의 큰 틀을 정하였다.
이러한 과정을 거쳐 어느 정도 최종안에 도달했다 싶은 시점에도 실무진 사이에는 보완을 필요로 한다는 의견이 많았다. 그러나 테스크포스팀원의 피로도가 너무 많이 쌓였고, 더 지체하다가는 정기인사로 제정이 지연될 수 있어 고민이었다. 결국 완벽하지는 않지만 일단 시행하고 진행 과정에서 개정하는 쪽으로 의견이 모아였다. 그 당시 서울특별시도 지구단위계획 수립지침을 개정하고 있어 해당 세미나를 참관하였는데, 갈수록 도시계획이 진화하고 있음을 확인하였고 시대적 상황에 따라 지속적인 개정이 필요함을 느꼈다.

도시계획은 정답이 없는 행정이다. 그 때문에 진행 과정에 밀접한 스킨십을 유지하되 정책 공개와 피드백으로 최선의 공감대를 찾아가야 한다. 그게 바로 '공평, 공정, 공개'의 참의미이다.

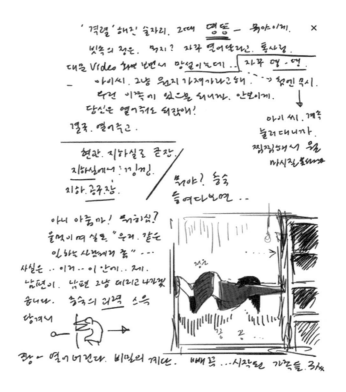

"봉준호 감독의 독특한 의사전달 방법은 그림을 그리고 주석을 달아 모든 영화 제작자를 이해시킨다는 점이다.
도시계획도 시민들을 이해시킬 수 있는 의사전달 방식이 필요하다."

Part 4

코로나는 주춤했던 스마트시티를 앞당겼다.
막대한 비용으로 고민해 왔던 스마트시티는 부동산
금융이 진화하면서 현실화될 것이다.
그 과정에서 데이터민주주의라는 몸살을 앓겠지만,
이 모두는 성숙한 도시계획으로 향하는 길이다.

도시
계획의
대전환
시대

1

하드웨어에서
소프트파워
도시로의
이동

소프트파워 도시란 무엇인가

우리는 코로나를 겪으며 음압병상을 갖춘 전문병원과 격리병원의 필요를 절감했다. 병상이 부족할 때는 다른 지역의 병상을 연계할 수 있는 유연성 있는 운영체계도 배웠다. 때로는 연수원, 숙박시설을 생활치료센터로 활용하는 방법도 고안해냈다. 하드웨어에 익숙한 우리에게 소프트웨어의 도시계획이 무엇인지 어렴풋이 알게 한 시간이다.

도시로 사람이 모이는 건 '거래'가 용이하기 때문이다. 거래는 시장을 만든다. 그중에서 가장 중요한 것이 노동시장이다. 자본 없는 근로자를 자본이 풍부한 고용주와 연결하는 역할을 하는 것도 도시이다. 그런 관점에서 미국의 도시들은 이민자 출신 인재들의 유입 덕분에 큰 혜택을 입었다. 2000년 이후 미국 노벨상 수상자 78명 중 38명40%이 이민자다. 좋은 도시는 빈곤한 이들에게 가난에서 벗어날 기회를 제공한다. 그런 도시가 소프트파워가 있는 도시이다.

토목과 건설 위주 개발에 익숙한 우리는 소프트 시티가 낯설다. 산업시대에는 중화학공업, 제조공장이 들어선 도시로 사람과 자본이 몰려들었다. 그래서 도시공간을 효율적으로 사용하기 위해 도시계획에 조닝Zoning이 적용되었다. 공장에서 발생하는 소음, 폐수, 냄새가 주거지역에 유입되지 않도록 도시공간을 계급화하고 공간마다 역할을 부여하여 서로 철저히 분리했다. 몰려드는 사람들을 빠르게 수용하기 위하여 값싼 개발제한구역에 신도시를 만들면서 도시는 자연히 외곽 확산을 통해 성장했다. 하드웨어적 도시성장이 최선의 방법이었다.

지금 세계적인 기업은 아마존, 애플, 구글, 페이스북이다. 이들 기업은 산업화 시대와 달리 상상력과 창조성을 중심으로 한 사람 중심의 소프트파워를 갖고 있다. 직원 중 희망자는 매일 직장에 나가지 않고 집에서 일할 수 있다. 출퇴근하는 데 드는 시간을 아껴 집 근처의 한적한 공원에서 여가를 즐길 수 있다. 도시를 살아가는 사람들의 라이프스타일이 변하면서 산업화시대 하드웨어적인 도시계획으로는 버겁게 되었다.

우리 도시에서 이러한 논의가 전혀 없었던 것은 아니다. 2007년 서울시는 '소프트 도시'를 가치로 내세우고 디자인 도시 정책을 내세웠다. 기능과 효율, 건설과 산업, 자동차와 속도를 중심으로 하는 중앙집중형 도시를 소프트 도시로 만든다는 계획이다. 소프트 도시는 문화와 예술이 있는 도시, 보행자 중심 도시, 역사와 전통에 닿아 있는 맥락 도시, 시민 참여형 도시, 재미있고 즐거운 창조형 도시, 에너지 효율성이 높은 도시, 콘텐츠 중심의 소프트웨어 시티, 움직이는 아메바형 도시, 분산형 도시라고 하였다.

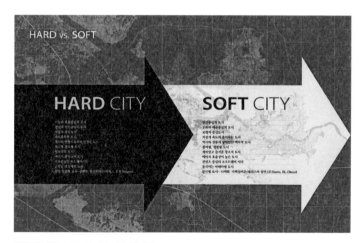

2007년 서울시의 소프트 시티 개념도

2007년 서울시의 소프트 시티 개념도

상업지역은 도시공간의 5% 내외만 할당하는 희소성 가치전략을 통해 사람들이 모여든다. 상업지역 안에는 모든 건축물 용도 입지가 가능하고, 용적률과 건축물 높이제한이 완화된다. 역, 터미널, 시청 부근에는 쇼핑센터, 숙박시설, 금융기관 등 산업화 시대 도시계획의 산물이 함께 자리한다. 그런데 요즘은 이러한 상업지역보다도 신도시 주거지역에 사람들이 더 많이 모이고 있다. 이제 사람들이 은행에 가는 대신 스마트폰으로 금융 업무를 보고, 백화점이나 대형마트 대신 모바일로 쇼핑한다. 코로나 이후 이러한 소비행동 패턴은 더 가속화되고 있다.

수년간 기업과 공공기관은 디지털 기기를 도입하면서 스스로 많이 변화했다고 자부하였다. 그러나 그건 '능동적 전환'이 아닌 '수동적 변화'였다. 우리가 능동적인 전환에 소극적인 시점에서 코로나라는 예기치 못한 극적인 상황으로 인해 도시계획도 대대적인 변화를 예고하고 있다. 포스트코로나 시대에는 창의적 사람이 모여들도록 공간을 계획하고, 그들을 포용할 수 있는 문화를 만드는 소프트파워 도시계획이 요구된다.

소프트파워 도시계획 모델

도시계획을 처음 시작할 때는 도시의 선을 긋고, 조닝을 하는 선배들을 보면 멋져 보였다. 당시는 그것이 도시계획의 최고 가치인 줄 알았다. 그러나 실무경험을 쌓으면서 도시계획은 공학이 아니라 사람들의 생활 패러다임을 읽고 시대적 가치를 찾아내는 안목이 본질임을 깨닫게 되었다.

산업화 시대에는 도시로 몰려오는 인구를 시급하게 수용하는 양적 성장가치를 담는 도시계획이 당연시됐다. 도시계획선을 그어두면 주택건설사업자들은 대규모 아파트 단지를 건설하면서 진입로를 기부채납하고 도시계획가들은 학교, 주민자치센터, 체육관 등을 만들며 마스터플랜을 짰다. 그러한 도시계획에 익숙할 즈음에 베를린을 연구하면서 소프트 파워를 접하게 되었다.

때마침 유럽여행을 갈 기회가 있었다. 첫 유럽여행임에도 여러 도시를 돌아보는 것보다 베를린 한 도시에서 체류하기로 하였다. 한 도시에서 오래 체류한다는 건 특별한 의미가 있다. 그 도시가 가지고 있는 문화의 속살까지는 알 수 없지만, 출발 전에 그 도시에 관해 공부한 것을 확인하며 깊은 고찰을 통해 여행자만의 도시 철학을 만들 수 있다는 기대로 갔다. 입국했던 프랑크푸르트가 '바쁨'이라고 한다면, 베를린은 '여유와 자유'가 있는 도시다. 자유롭고 창의적인 환경이 조성되어 사람들에게 새로운 매력을 찾아내게 만드는 독특한 분위기가 자연스럽게 느껴졌다. 베를린에 도착하자마자 국제건축전 IBA : International Bauaustellung Berlin 프로젝트 현장을 보고 싶었다. 베를린 장벽 철거 후 대人 베를린 도시계획과 개발 필요성에 따라 베를린 정도 750주년 기념사업의 일환으로 1979년부터 계획부지가 검토되었다. 1987년 개최한 국제건축전IBA에서 6개 블록으로 나누어 도시의 역사적인 문맥과 흔적의 추구, 파괴되고 분할되어 있는 공간 조직을 회생하되 각 블럭별 특성에 따른 개발지침을 마련하였다. 6개 블록별로 세계적인 건축가인 찰스 W. 무어Charles W. Moore, 스텐리 타이거맨Stanley Tigerman, 알도 로시Aldo Rossi, 제임스 스터링James Stirling, 피터 아이젠만Peter Eisenman 등 200여 명이 참여한 프로젝트이다.

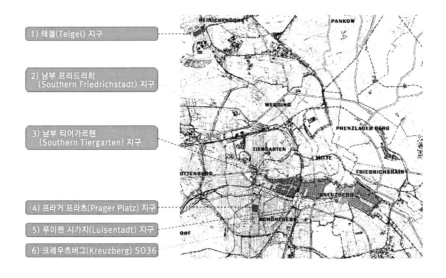

1) 테겔(Teigel) 지구

2) 남부 프리드리히
   (Southern Friedrichstadt) 지구

3) 남부 티어가르텐
   (Southern Tiergarten) 지구

4) 프라거 프라츠(Prager Platz) 지구

5) 루이젠 시가지(Luisentadt) 지구

6) 크레우츠버그(Kreuzberg) SO36

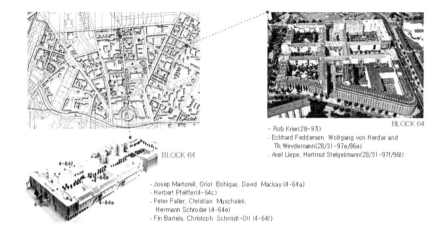

남부 프리드리히 지구(Southern Friedrichstadt Area)

BLOCK 64

- Rob Krier(28-97i)
- Eckhard Feddersen, Wolfgang von Herder and
  Th, Wevdernann(28/31-97e/96e)
- Axel Liepe, Hartmut Stelgelmann(28/31-97f/96f)

BLOCK 64

- Josep Martorell, Oriol Bohigas, David Mackay (4-64a)
- Herbert Pfeiffer(4-64c)
- Peter Faller, Christian Muschalek,
  Hermann Schroder (4-64e)
- Fin Bartels, Christoph Schmidt-Ott (4-64f)

포스트 코로나 시대 부동산 & 도시계획

소프트 파워 도시는 소수 엘리트 계획가에 의해서 만들어지기보다
는 창의적 시민들이 자발적으로 참여해 공감대를 형성하며 기획된
도시이다. 다소 시간이 걸리더라도 창의적인 논의, 사회생태계 창
조, 포용도시를 목표로 기획 단계부터 뿌리를 내린 도시이다. 그 특
성을 단계화하면 다음과 같다.

첫 번째 단계는 사용자 입장에서 미래를 상상하는 일이다. 도시계획
가는 직접 계획하는 것이 아니라, 사람과 아이디어가 한데 모이도
록 참여의 장을 기획하는 역할을 해야 한다. 사람들이 세상 돌아가
는 이야기를 하고 새로운 아이디어가 싹트는 자유로운 공간이 문화
적 영향력을 만든다. 다양한 배경을 가진 사람들이 도시로 유입되고
새로운 에너지가 생기면서 다양성과 연결성, 포용성과 개방성이 한
데 어우러져야 한다.

두 번째 단계는 사회생태계를 고려한 도시계획이다. 하드웨어 시대와 같이 단순히 일자리를 제공하는 것만으로 부족하다. 유능한 인재들은 축제와 클럽을 즐길 수 있고, 미술관에도 가고 훌륭한 음식을 맛보며 흥미로운 사람들을 만나는 활기찬 도시를 원한다. 도시는 그만의 개성과 에너지를 가져야 한다. 물리적 공간계획에 익숙한 우리 입장에서 보이지도 만질 수도 없는 가치를 도시계획에 반영할 수 없다는 반론이 있을 수 있다. 그러나 도시계획은 시대적 가치를 무엇에 두느냐에 따라 계획 프로세스가 달라지고 도시를 살아가는 시민들도 달라진다. 나는 이러한 사회적 생태계를 그 도시에만 있는 문화적 자산이라고 본다.

세 번째 단계로는 포용도시를 고려한 도시계획이다. 19세기 뉴욕은 이민자가 유입되고 도시가 개발되며 크게 바뀌었다. 1811년 위원회 계획에 의해 맨해튼 전역은 격자 거리로 바뀌었다. 평등적 가치를 반영한 포용도시의 모형이라고 할 수 있다. 뉴욕은 1827년까지 노예 제도가 유지되고 있었으나, 1830년대에 뉴욕 북부가 노예제 폐지 운동의 중심지가 되면서 1840년에 뉴욕의 아프리카계 인구는 1만6,000명을 넘었다. 1847년 발생한 아일랜드 대기근으로 인해 아일랜드 이주민들의 대규모 유입이 일어났고, 1860년 뉴욕에 아일랜드인이 20만 명을 넘어, 뉴욕 인구 네 명 중 한 명은 아일랜드인일 정도였다. 독일에서도 많은 이민자가 왔으며, 1860년 뉴욕 인구 중 아일랜드인들을 제외하고 25%를 독일인들이 차지했다. 이처럼 다양한 민족들을 수용한 것이 오늘날 세계적인 문화를 지닌 도시가 된 원동력이 되었다.

2

마스터
플랜형에서
프로젝트형으로
변화

프로젝트와 이슈 중심의 도시기본계획

2030년 도시의 미래상을 그려내고, 그 비전을 달성하기 위해 도시계획을 마련하는 도시기본계획을 수립할 당시, 밤늦게까지 사무실에 남아 스스로 던진 질문들이 떠오른다.

'내가 과연 도시기본계획의 본질을 잘 파악하고 있을까?'
'도시기본계획이 선언적인 역할로 그치는 게 아니라 실효성이 있게 하려면 어떻게 해야 할까?'
'도시기본계획이 정치와 연계하지 않는 중립적인 성격의 도시관리로써 역할한다면 인정받을 수 있을까?'
'그간의 중립적 도시기본계획이 과연 도시의 색채를 어떻게 변화시켰을까?'

이와 같은 질문에 답하는 과정이 스스로 도시계획적 철학이라는 가치를 쌓는 시간이 된 것 같다. 도시계획을 처음 시작할 무렵에 공부한 요코하마 도시계획을 다시 들춰보았다. 요코하마는 도쿄로부터 30분 거리에 위치한 특별한 정체성이 없던 도시였다. 1971년 요코하마는 도쿄로부터 정치적, 문화적 자율성을 확보하고자 도시계획을 단행하고, 도심에 공공장소를 재구성하는 프로젝트에 투자했다. 고후쿠港北 뉴타운 정비, 가나자와金沢 매립, 고속도로 정비, 지하철 건설, 베이브릿지 건설이라는 6대 사업공적 프로젝트이 여기 속했다. 이를 통해 요코하마는 도심의 도시적, 정치적 전략을 형성해 나갔고 도시의 색깔을 만들어 갔다. 도시를 변화시킬 프로젝트를 선정하고 지속 가능하게 추진한 결과가 오늘의 요코하마를 만들었다.

광주광역시보다 먼저 수립한 2030년 서울 도시기본계획을 하나하나 보면서 특장점을 추려냈다. 종전의 일방적인 계획체계와 달리 시민참여단을 적극적으로 끌어들여 도시의 이슈를 설정하였고, 하나의 프로젝트 형태를 취하고 있었다. 새로 취임한 시장의 정치철학이 반영된 결과다. 필자 역시 과거의 관례에서 벗어나 새로운 것을 시도하는 게 두려움이 있었지만, 프로젝트와 이슈 중심으로 도시기본계획을 마련하기로 했다. 이것이 추상적인 한계를 보완할 방법으로 여겨졌다.

도시기본계획을 수립하는 과정에서 담당자, 계장, 과장이 수시로 바뀌었다. 필자 역시 마무리 단계부터 관여한 만큼 종래의 마스터플랜형에서 프로젝트 중심으로 전환하기에는 많은 한계가 있었다. 그래서 실현 가능한 사항을 먼저 추리고 후속으로 계획할 것들은 따로 정리했다. 도시기본계획에 많은 것을 세부적으로 한 번에 담기보다는 미룰 것은 미루되 그 방향을 정하는 것이 우선이라고 생각했다. 코로나와 함께 시대는 빠르게 바뀌고 있다. 마스터플랜형 도시계획에 대한 개념, 도시 미래상의 설정 방법 등도 바뀌어야 할 때다. 코로나로 인해 시민참여단의 구성조차 어렵게 되었기 때문이다. 시민참여단의 토론으로 도시 미래상을 제안하는 방법도 보완과 변화가 필요하다.

3

처방형에서
미래
지향형으로의
변화

한계를 맞은 처방형 도시계획

도시계획을 다루는 두 가지 방식이 있다. 발생한 도시문제를 치유하는 '처방적 도시계획'과 미래상을 마련하고 그 비전을 달성하기 위한 '미래지향적 도시계획'이다.

몇 년 전 내게 오십견 같은 증상이 왔을 때 엑스레이를 진단하는 3명의 의사마다 견해와 처방이 달랐다. A의사는 목 디스크가 원인으로 수술을, B의사는 염증성이므로 약물치료를, C의사는 운동처방을 내렸다.

도시도 사람과 같은 생명체이다 보니 도시계획가마다 문제에 대해 다른 처방을 내릴 수 있다. 도시계획가가 그 분야의 고수가 되어야 제대로 된 처방을 내린다. 고수는 차가움과 뜨거움을 빠르게 오가는 능력이 있어야 한다. 어떤 학자는 도시계획을 '도시 침술Urban acupuncture'이라고 말하기도 한다. 유효한 시기와 장소에 침을 놓고 작용이 퍼져나가길 기다렸다가, 반응을 보고 또 침을 놓는 방식이다. 미래의 인류를 위협하는 도시문제를 '계획 과제 또는 이슈'라고 한다. 우리는 그동안 이를 처방하는 도시계획에 집중해 왔다. 주택난, 교통체증, 불결한 공중위생, 낙후한 도시경관 등에 대응하고자 신도시에 새로운 주택 용지를 공급하고 상하수도를 설치하는 등 물리적 중심의 처방이 주가 되었다. 포스트코로나 시대에 우리가 해결해야 할 도시 문제, 즉 기후변화와 같은 거대한 이슈들은 처방형 도시계획으로는 한계가 있다. 그나마 2030년 도시기본계획 수립을 기점으로 국내 많은 도시가 도시계획 수립 방법에 변화를 기했다. 시민 참여를 통해 시민이 만든 도시계획이라는 정당성을 가진 첫 발걸음이라고 본다. 그러나 아직은 반쪽짜리 실현이다. 시민들과 함께 도시의 미래상을 설정한 이후에는 소수의 전문가에 의해 도시공간 전략이 수립되고 있다. 아직 전문가도 시민들도 익숙지 않은 길을 걷고 있는 상황이다.

포스트코로나 시대에는 성숙한 민주주의 정신을 토대로 온라인 Online to online 기법, 시민 생각을 읽어 내는 빅데이터 도입 등 어느 때보다 체계적인 시스템 구성이 절실해 보인다.

투자의 가치, 시대의 패러다임 읽기

부동산 투자는 정보를 토대로 한 분석력, 자본력, 결단력을 갖추어야 성공한다. 그렇다면 도시계획을 알면 부동산 투자에 유리할까? 과거 산업화 시절 도시계획은 폐쇄적으로 은밀하게 이루어져 정보를 가진 사람은 투자에 성공했다. 그러나 개방적이고 투명한 사회로 접어들면서 정보는 관심을 가지면 누구나 수집할 수 있다. 이제는 정보가 넘쳐흐르다 못해 팩트와 가짜뉴스를 구별하기도 힘든 지경이 되었다.

투자자는 결단에 앞서 외로운 고뇌를 하고, 계약 체결 후에도 걱정을 지속한다. 목표수익률을 달성하기 위해 다양한 시나리오, 자본 확보 방법, 예상 수익률 등을 분석한다. 이러한 상황에서 가장 기초적인 자료가 도시계획이다. 도시계획을 아는 것은 투자에 앞서 미래를 예측하는 데 도움이 된다. 구입한 부동산의 주변 환경이 어떻게 변화할지 전망하며 시대의 패러다임을 읽어낼 수 있다. 그러나 이것이 부동산 투자의 본질을 꿰뚫는 것은 아니다.

거시적으로는 바람직한 미래상을 담는 도시기본계획을 살펴보고, 부문별로 도시 및 주거환경 정비계획, 도시재생기본계획, 주택정책 계획, 도시공원조성계획 등을 확인했다면, 미시적인 접근 방법도 병행해야 한다. 저성장 시대의 콤팩트한 도시 조성, 코로나 이후 대중교통 이용률의 변화 등 여러 돌발 변수에 대처하는 자세를 가져야 한다. 이제 사회는 한 가지 패러다임으로만 작동되지 않는다. 도시계획가도 혼자서 결단하지 못하는 시대이다. 때로는 가정주부에게 문의해보고 집장사, 건축사, 건설회사, 교통전문가 등 다양하고 종합적인 자문을 받아야 할 세상이다.

도시계획을 아는 것은 투자에 앞서 미래를 예측하는 데 도움이 된다.
구입한 부동산의 주변 환경이 어떻게 변화할지 전망하며 시대의 패러다임을 읽어낼 수 있다.

4

효율성보다
친환경
안전도시로
변화

지역적 특성을 반영한 도시설계

도시계획의 영역이 갈수록 광범위해지고 있다. 종전에는 '버스터미 널을 어디에 둘까?' 같은 담론이 주였다면, 최근에는 기후변화 · 미 세먼지 · 전염병 등 소프트한 측면을 공간과 어떻게 연계할 것인지 초점이 바뀌었다. 그러나 이전 시절의 잠재의식 때문인지 국내 도 시계획가들은 아직까지 소프트한 측면을 수용하는 데 보수적이다.

도시계획팀장 때의 일이다. 국가 R&D과제로 도시열섬 방지 계획을 연구하던 수도권 소재 대학 교수님으로부터 연락이 왔다. 도시열섬 에 대한 지방자치단체 실무자 의견을 듣고 싶은데, 업무 분장이 도시 계획 부서가 아닌 환경부서라서 현장의 소리를 듣는 데 애로가 있다 는 의견이었다. 그나마 광주광역시에서 도시계획과 주관으로 친환 경 도시계획 방안 세미나를 개최하는 걸 보고 연락을 했다는 것이다. 바람길 업무도 그랬다. 바람길 도시계획을 이야기할 때는 독일의 슈 투트가르트 사례가 자주 인용된다. 도시의 바람길 지도를 작성하여 건축물 입지가 가능한 지역과 불가능한 지역을 구분해 건축제한을 하는 것이 정책의 골자이다. 그밖에 구릉지에 건축행위 금지, 시가 지 바람길 지역 건축물은 5층 이하, 대로와 공원을 100m 폭으로 확 보하고 녹화한다는 세부 지침도 있다.
그런데 슈투트가르트와 우리나라 도시 공간은 구조적으로 차이가 있다. 더구나 바람길 지도에 대한 인식이 달라 지방자치단체들이 필 요성은 공감하면서도 도입에는 주춤하는 상황으로 보인다. 때문에 바람길과 관련한 국토 · 환경 법령은 선언적인 내용이 대부분으로 내용의 구체성이 미흡해 실제 계획으로 반영하기 어렵다. 특히 바 람길을 차단하는 대표적인 건축물 중 하나인 병풍형 아파트는 조망과 향의 장점 때문에 쉽게 포기하지 못한다. 그런 연유로 세종시 생활권별 지구단위계획에서는 강 주변을 타워형 아파트로 배치하도록 규정하고 있다.

실무과정 중 하천변에 고층아파트 2개 동을 성벽같이 맞닿게 배치하여 건립하겠다는 지구단위계획 협의 요청이 들어왔다. 검토해보니 도시의 허파인 찬바람을 가로막는 형국이었다. 그래서 상위계획인 도시기본계획을 따라야 한다는 국토부 지침을 근거로 보완을 요구했다. 도시기본계획에는 강가에 시각회랑 및 바람길을 고려한 건물배치를 고려하도록 되어 있다. 그 결과 폭 15m 이상 통경축 2개소를 확보하도록 아파트를 3개 동으로 분리하고 통경축을 확보하는 내용으로 협의의견을 송부한 적이 있다.

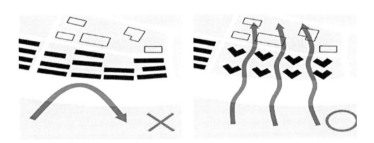

시각회랑 및 바람길을 고려한 건물배치

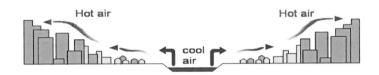

하천변 건축물 높이를 고려한 열섬현상 완화

지구단위계획 수립지침을 제정할 때 바람길이란 용어 대신 통경축을 지침으로 마련한 적이 있다. 지침 내용에 바람길을 담는 건 이상

적이지만, 이를 공간계획으로 반영하려면 여러 밑 작업이 필요했다. 도시구조의 특성을 고려한 기후생태보전지 분석, 바람길 형성 기능 평가, 바람 유동 모델링 등 과학적 분석이 전제되어야 하고, 시민공감대 형성도 필요하여 부득이 통경축이란 용어를 사용하게 된 것이다.

일부 자치단체에서는 바람길에 비하여 '비오톱'이란 개념을 도시계획 조례에 반영하기도 했다. 대부분 지방자치단체에서는 2010년 전후 환경성 검토, 환경영향평가, 생태계보전·복원 등 참고자료로 활용하기 위해 「자연환경보전법」에 의하여 도시생태 현황지도를 작성하였다. 그러나 주민열람이나 고시를 거치지 않은 단순한 현황자료로 환경영향평가, 도시계획 심의 등에서 참고자료로 활용하고 있으나 도시계획조례에 의한 개발행위허가 기준으로 쓰기에 녹록치 않아 토지이용계획확인원에 등급을 표시하지 못하고 있다.
비오톱 유형평가 등급은 5개 등급으로, 개별 비오톱 평가등급은 3개 등급으로 나뉜다. 이런 가운데 서울시는 비오톱 유형평가 1등급, 개별 비오톱 평가 1등급인 토지는 절대 보전해야 한다고 도시계획조례에 담고, 그 후속 조치로 개발이 어렵다는 사실을 알리는 차원에서 토지이용계획확인원에 등재하였다. 따라서 토지이용계획확인원에 비오톱이 표시되어 있다면 개발이 어려울 수 있으므로 무턱대고 투자하는 것은 위험하다. 도시기본계획에서 친환경 공간구조, 토지이용계획, 환경부문 및 공원녹지계획에 1:5,000 축척 이상의 비오톱 지도가 기초자료로 활용된다. 도시관리계획에서는 환경성 검토 및 토지적성평가, 용도지역·지구 지정, 개발제한구역 관리 등에 비오톱 지도를 활용한다.

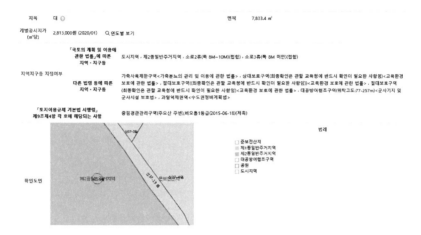

지목　　　대 ○　　　　　　　　　　　　　　　면적　　7,833.4 m²

개별공시지가　2,813,000원 (2020/01)　🔍 연도별 보기
(m²당)

「국토의 계획 및 이용에
관한 법률」에 따른
지역·지구등

도시지역 , 제2종일반주거지역 , 소로2류(폭 8M~10M)(접합) , 소로3류(폭 8M 미만)(접합)

지역지구등 지정여부

다른 법령 등에 따른
지역·지구등

가축사육제한구역<가축분뇨의 관리 및 이용에 관한 법률> , 상대보호구역(최종확인은 관할 교육청에 반드시 확인이 필요한 사항임)<교육환경
보호에 관한 법률> , 절대보호구역(최종확인은 관할 교육청에 반드시 확인이 필요한 사항임)<교육환경 보호에 관한 법률> , 절대보호구역
(최종확인은 관할 교육청에 반드시 확인이 필요한 사항임)<교육환경 보호에 관한 법률> , 대공방어협조구역(위탁고도:77-257m)<군사기지 및
군사시설 보호법> , 과밀억제권역<수도권정비계획법>

「토지이용규제 기본법 시행령」
제9조제4항 각 호에 해당되는 사항

중점경관관리구역(주요산 주변),비오톱1등급(2015-06-18)(저촉)

범례

☐ 준보전산지
▨ 제1종일반주거지역
▨ 제2종일반주거지역
☐ 대공방어협조구역
☐ 공원
☐ 도시지역

확인도면

비오톱이 표시된 토지이용계획확인원(예시)

코로나로 인하여 인류는 '친환경 도시'를 이슈로 하는 다양한 공간
계획을 제시하게 될 것이다. 그런 관점에서 스페인 바르셀로나의 슈
퍼블록 계획은 성공 여부를 떠나 기후변화를 대응한 새로운 도시계
획으로 주목받고 있다. 이들을 보고 우리 도시는 기후변화에 어떤 시
도를 하고 있는지 되묻고 싶다.

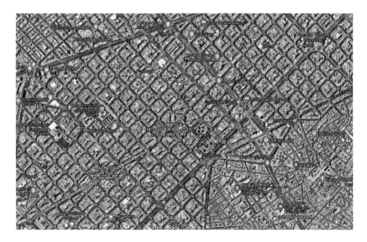

바르셀로나 도시 모습(자료 : 구글 지도)

2014년 심각한 대기오염에 직면한 바르셀로나는 EU유럽연합에서 제시한 대기질 개선 목표를 달성하지 못했다. 대기오염으로 조기 사망자가 매년 3천500명에 달했고 아동들의 두뇌 성장에도 큰 악영향을 끼치고 있다는 연구보고서가 나올 정도였다. 시는 교통량을 현재의 21% 수준으로 감축하는 것을 목표로 하는 교통 계획안을 마련했다. 이 계획안에서 주목할 점은 이른바 '슈퍼블록'이다. 바르셀로나를 하늘에서 보면 잘 정돈된 네모 형태의 여러 블록이 장관을 이루는데, 이것이 바로 기본 블록 단위인 만사나Mansana가 모여 만든 바르셀로나의 도시구조이다. 만사나는 가운데 공원이 있고, 테두리에는 주거 지역이 둘러싸고 있는 형태이다. 가로×세로 방향으로 각 3개씩 블록을 묶어 총 9개의 블록이 되는 구조로 이를 슈퍼블록Superblock : 카탈로니아어로 수퍼릴 Superilles이라고 부른다. 가로 세로의 길이가 각각 400m로 주민 5,000~6,000명이 생활하는 작은 마을이다.

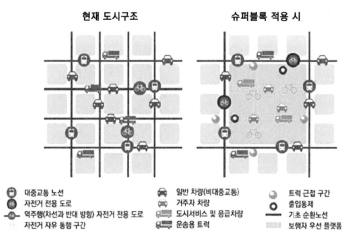

슈퍼블록 전 · 후의 개념도 (자료 : 서울연구원)

바르셀로나 시가 제안한 계획안을 살펴보면 우선 9개의 정사각형 블록을 지정하였다. 단순히 지나가기만 하는 버스, 화물차, 기타 차량들은 블록 내부를 통과하지 못하고 우회해야 한다. 슈퍼블록 내부는 시속 10㎞로 차량 속도를 제한하고 있다.

슈퍼블록 테두리 메인도로에는 누구나 자동차로 접근이 가능하지만, 슈퍼블록 안쪽으로는 거주민들만 자신의 차를 가지고 접근이 가능하다. 슈퍼블록 내로 접근할 시에는 자전거 전용 도로, 보행자 전용 도로를 통해 자전거나 도보로만 이동할 수 있다. 거주민이 아닌 경우에 예외로 차량 접근이 가능한 경우도 있다. 슈퍼블록 내에 있는 상업지구에는 차량이 많이 다니는 시간을 피해 상가들의 물류를 위해 최대 2시간까지만 주차를 허용한다. 또는 메인도로 쪽 주차 공간에 트럭이나 봉고차를 주차하고 다시 소형 친환경 운송 수단으로 물류를 운반할 수 있다.

슈퍼블록의 도로 재편으로 인한 개선점은 확연하다. 일반 도로 구조와 달리 슈퍼블록 내에 차선을 줄인 만큼 보도블록의 폭이 넓어지면서 보행자 전용도로가 확충되었다. 노면 주차 대신 지하 주차장을 도입함으로써 생겨난 거리 공간은 장터, 야외게임, 각종 이벤트 등의 장소로 적극적으로 활용되면서 실제 슈퍼블록 안에서는 재밌는 풍경이 자주 펼쳐진다. 차량 통행에 신경 쓰지 않고 자유롭게 걸어 다니고 중간마다 설치된 벤치에 앉아 쉬거나 이웃들과 쉽게 교류할 수 있다.

이와 같은 슈퍼블록 사례처럼 익숙했던 규제와 지침을 벗어나 그 지역의 특성을 고려한 도시설계적 대안은 주목해볼 만하다.

5

포스트
코로나 시대,
부동산
금융의
진화

대형증권사가 주도하는 부동산 시장 도래

과거 우리나라 부동산 금융은 시공사 연대보증이나 채무인수 미분양 물건에 대한 시공사의 매입확약 등 주로 시공사 보증 위주의 체계였다. 그러나 1998년 IMF 사태, 2007년도 리먼 브러더스 그리고 서브프라임 모기지 사태로 인한 글로벌 금융위기를 겪으면서 변화가 시작됐다. 기존의 주택건설업체들이 부도 및 법정관리 신청을 하면서 새로운 방식의 부동산 금융이 시작됐다. 건설사들은 지급보증방식을 버리고 건설사의 책임준공 하에 금융기관의 대출채권 매입확약, 사모사채 인수 확약방식을 택했다. 결국 외환위기 이전의 건설사 주도 방식이 지금은 시행사, 건설사, 분양대행사로 세분되었다. 현실적으로 사업성보다 시공사의 담보조건_{시공사의 지급보증 또는 일정} _{사유 발생 시 채무인수}이 추가된 점에서 변형된 형태라고 할 수 있다.

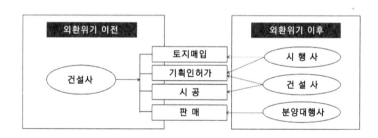

기존의 건설사 그리고 은행이 주도하던 부동산 금융은 증권거래법이 개정되면서 자본시장법으로 바뀌었다. 여기서 골드만삭스 같은 대규모 증권사들이 등장하게 된다. 자기 자본이 많은 미래에셋을 비롯해 NH투자증권, 한국투자증권, KB투자증권 등 대형증권사들이 시장의 전반을 주도하는 PF_{Project financing}시장이다. 또 하나, 시공사

의 책임준공 확약으로 건설사들에게 무한대로 제공했던 채무보증 시스템은 사라졌다.

부동산 금융의 원칙은 '기초자산+현금흐름+신용보강'이다. 이 중에 신용보강이 없으면 자금 조달이 어려워진다. 즉 기초자산을 담보로 대출이 일어나고, 현금 흐름에 기초하여 상환 받는 것이다. 기초자산의 담보여력이나 현금 흐름이 미약하면 추가하는 것이 '신용보강'이다. 신용보강은 크게 시공사1차 신용보강인, 금융기관2차 신용보강인으로 구분할 수 있다. 신용보강의 종류에는 책임준공 신용보강, 신탁사 책임준공 보증, 미담확약미분양 대출 확약, CDSCredit Default Swap가 있다. 시공사가 도급능력은 되는데 회사채 신용등급이 낮은 경우, 신용등급이 우수한 회사 또는 금융기관AA0 이상이 보증하여 대주단에 보여주는 신용보강이다.

건설사의 책임준공이 강화되다 보니 금융기관 입장에서는 건설사의 신용은 더 중요해졌다. 그러다보니 금융기관은 제한적으로 소위 말하는 A⁻급 이상의 가이드라인을 정해 놓고, 그 위에 있는 건설사들이 건축한 상품에 대해서 책임준공을 인정하는 게 관행이었다. 그러나 신탁사들이 등장하면서 소위 말하는 도급순위 100위권 내 시공사들도 부동산 PF에 참여하는 길이 열리게 된 것이다.

부동산신탁은 '관리형 신탁'과 '차입형 신탁'으로 분류할 수 있다. 관리형 토지신탁은 부동산 개발사업의 안정적 진행을 위해서 만들어졌다. 토지소유자가 신탁사에 토지를 맡기고 신탁사는 인허가 및 분양계약 등의 주체로서 나선다. 단, 사업비 조달에 따른 위험 부담은 지지 않는다.

차입형 신탁은 신탁업자가 자금조달부터 분양까지 책임지는 구조로 관리형에 비교해 수익이 크지만 리스크_{미분양, 시공사 디폴트} 등 차질이 빚어지면 신탁사의 막대한 손실이 불가피하다. 이에 2016년 등장한 것이 '책임준공형 신탁'으로 시공사 부도 등으로 공사가 중단되더라도 신탁사가 프로젝트 파인낸싱_{PF} 채무를 상환하거나 시공사를 교체해 준공을 책임_{보증}지는데, 차입형에 비해 신탁보수는 낮지만 안정적인 사업구조를 통해 리스크 감소가 가능하다.

더불어 미담확약_{미분양 대출 확약}이 있다. 책임준공이 기초자산인 건물에 대한 신용보강이라면, 미담확약은 분양대금의 현금 흐름에 대한 신용보강이다. 미분양 발생 시 대주단이 대출금을 떠안고, 미분양 담보 물건을 인수하는 금융상품이다. 이전에 신탁사가 하던 매입확약과 유사하다.

코로나 이후 부동산 시대의 양극화 전망

부동산 가격의 인상 요인은 3가지이다. 첫째 인구 증가, 둘째 가처분 증가, 셋째 금리 인하이다. 지난 10년간의 지속적 상승 배경은 실질적으로 금리 인하였다.

실물 부동산의 경우 입지 및 수익성, 안전성에 따라 투자 성향이 구분된다. 수많은 리츠 상품이 개발되지만 현재는 자정작용 중인데, 향후에는 상품가치에 따라 가격이 양극화될 것으로 전망된다.

코로나가 장기화할수록 미래 경제상황에 대한 부정적 의견이 많다. 그동안 국내 투자자들은 미국, 영국의 오피스 시장까지 진출해 왔다. 코로나로 인해 해외를 못 가는 상황이 장기화되다 보니 이들 자본이 국내 시장으로 눈을 돌려 가격 상승의 촉매제 역할을 하고 있다.

코로나 사태로 리테일, 상가, 호텔은 가장 큰 충격을 받고 있다. 호텔 업종의 경우 점유율 30% 이내로 대출이자를 못 내는 상황이고 항공기 분야 역시 중순위, 후순위 대출의 만기상환이 미뤄지고 있다. 호텔이나 여행업 위주의 경제지표는 하락하는 반면, 오피스와 물류센터는 호황을 누린다. 이렇게 양극화된 트렌드가 향후 1~2년간 계속될 것으로 보인다. 그러면 오피스나 물류센터는 또 다른 자산 평가에 의해 방향이 재설정될 되고 임대차 위주 시장은 지속될 것이다. 공실 우려는 있지만, 전염병 예방을 위해 1인당 사용 면적이 늘어나 오피스 가격이 하락하지는 않을 것으로 보인다. 실제로 서울의 중심지역인 종로나 여의도, 강남의 오피스 군락은 가격 상승 추세가 더 뚜렷해졌다.

해외 펀드의 경우도 우리나라의 한정된 오피스 시장을 눈여겨보고 있다. 갈 곳 없는 돈은 수익이 나는 곳으로 향하는 것이 시장의 논리이다. 공급에 대한 획기적인 방안이 마련되지 않으면 코어지역 부동산 시장은 지속적으로 상승할 것이다.

PF시장의 기존 관행은 자본이 거의 없는 시행사가 토지 계약금만 충당하고 나머지는 시공사나 금융회사의 보증이나 분양금으로 금융 비용을 상환했다. 포스트코로나 시대에는 달라진다. 좋은 입지를 찾아내면 시행사, 시공사, 금융기관이 각각 자기 자본을 태우는 구조로 가고 있다. 즉, 전략적 투자자$_{SI}$, 재무적 투자자$_{FI}$, 건설사$_{CI}$가 한데 모여 프로젝트금융투자회사$_{PFV}$ 형태로 컨소시엄을 만드는 것이다. 결국은 외국계 자본이나 개발 펀드, 리츠나 부동산 펀드 역할은 앞으로 더욱 강화될 여지가 높다.

정부는 이런 부동산 시장을 주시하고, 상대적으로 주목받지 못하는 비주거 부문에 지원을 강화해 양극화 해소에 주목해야 한다. 시장의 트랜드에 따라 집중되는 프로젝트에 자금이 몰리는데, 반면 그 외 비주거 상품에는 자금이 모이지 않고 있어 지원책이 강화되어야 한다.

"부동산 가격이 오르는 요인은 인구증가, 가처분 소득증가, 금리인하이다.
지난 10년간은 금리인하로 작동하였다.
향후에는 상품 가치에 따라 양극화될 것으로 보인다."

Part 5

포스트코로나 시대에는 교외화 현상이 일어나고
도심 공간이 재편성된다. 시가화 예정용지 관리,
개발제한구역의 관리, 토지이용계획 용도변경 등의
규정을 자주 찾게 되어 이에 대한 제도 배경과 행간을
정리해 본다.

포스트
코로나
시대
주요 관련
도시계획
규정

1

주거,
상업지역
나뉜
토지의
용도변경
가능한가

용도지역 변경의 유형

용도지역 변경은 특혜 시비, 도시공간의 변화, 점적 변경Spot zoning의 문제 소지가 있어 실무자 입장에서는 보수적으로 접근한다.

법적으로는 가능할 여지가 있지만 기반시설이 충분하지 않은 경우도 있다. 용도지역 변경으로 아파트를 건립하면 기반시설이 충분한가에 대해 관계부서 협의가 이루어진다. 수용세대가 증가함에 따라 반드시 필요한 기반시설의 증가도 고려해야 한다. 그중에 대표적인것이 학교이다.

2016년 7월 서울시 도시계획위원회는 A정비계획 변경안에 대해 변경 보류시켰다. 추정 학생 수 증가 인원과 수용 현황을 보완해 다시 제출하라는 취지였다. 정비계획 변경을 통해서 경제성을 높이려는 재개발 조합은 기반시설 대신 분양 세대수를 늘리기를 희망한다. 그렇게 되면 입주자들의 주거환경은 나빠질 수밖에 없다. 새로운 학교 부지 확보도 만만치 않은 상황에서 관할 교육청에서는 기존 학교로는 수용이 불가능하다고 판단하여 새로운 학교 증축을 요구한다. 결국 일부 사업자는 새로운 학교를 짓기 위해 수십억 원의 현금을 부담하기도 한다.

도시계획 이론으로는 초등학교는 2개의 근린주거구역 단위에 1개 비율로, 중학교 및 고등학교는 3개의 근린주거구역 단위에 1개 비율로 배치하도록 하고 있다. 1개의 근린주거는 2,000~3,000세대이다. 그러나 여기에는 학령인구가 일정하다는 가설이 전제된다. 현실적으로는 학령인구 감소 시대가 오고 있어서 이 부분도 고민할 대상이다.

또 한 가지 실무에서 겪은 사안이다. 도시계획시설이 해제되면서 용도지역이 변경되는 경우가 있었다. 도시계획시설로 유통업무설비를 새롭게 지정하려면 준주거지역, 상업지역, 일반공업지역, 준공업지역, 계획관리지역에 한하여 설치하는 것이 원칙이다. 그래서 유통업무설비의 도시계획시설을 지정하기 위하여 자연녹지지역을 상업지역으로 변경하였는데, 20년 이상이 지난 시점에 도시계획시설 사업이 되지 않아 유통업무설비를 해제하고자 하였다. 유통업무설비가 폐지되면 그 자체만으로도 이익이 수반되기 때문에 실무적으로 두 가지 시나리오의 검토가 요구된다. 첫 번째는 굳이 상업지역 입지가 아닌데도 존치하는 것이 도시공간 구조상 불필요하다면 도시계획 용도지역을 하향 조정Down-zoning을 한다. 일부에서는 침해적 행정행위로 보일 수 있으나 유통업무설비의 해제가 가져오는 이익을 고려하면 충분히 고민할 가치가 있다.

두 번째는 도시계획시설 결정으로 21년 이상 건축허가 및 보상을 받지 못한 침해적 행정행위를 한 상황에서 도시계획시설이 해제되었다고 다시 용도지역을 하향 처분하기에는 매우 어려운 실정이라는 점이다. 그리고 해제지역의 체계적인 관리를 위하여 지구단위계획구역을 지정하여야 할 것이다.

최근에는 일자리 창출이 시급하고 청년주택 공급이 필요한 시대적 상황에 놓여 있다. 제도를 바꾸는 데 대부분 오래 걸려 적당한 시기를 놓칠 수 있는데, 최근에는 소위 '사업법'을 통해 변경할 수 있는 제도들이 마련되어 있다. 그러다 보니 민간에게 입안을 제안할 기회가 주어진다. 이를 담당 공무원과 도시계획위원회가 해당 사업이 공공성이 있는지, 특혜가 있는지 등을 살핀다. 이러한 과정에서 다양한 의견이 수면 위로 올라오고 때로는 의견이 대립하기도 한다. 이때 필요한 것이 도시계획의 본질을 되새겨 보는 생각이다.

도시계획은 답이 정해진 수학 공식과 달리 쉽게 풀리는 법은 없다. 언제나 현상 뒤에 숨어 있는 본질을 꿰뚫어 보는 안목이 요구된다. 삶이 성숙할수록 근원을 찾듯이 도시계획도 성장시대에서 성숙시대로 변화됨에 따라 도시의 가치와 의미를 찾는 본질을 모색해야 한다. 시대적 요구가 달라진 만큼 도시관리계획을 변경하고자 할 때는 '도시관리계획 재정비, 도시계획 변경 사전협상, 지구단위계획에 의한 종상향, 소위 사업법에 의한 변경' 등을 거칠 수 있다.

5년마다 실시하는 도시관리계획 재정비

도시의 바람직한 발전을 위해 도시기본계획에는 20년 후의 미래상이 담긴다. 이를 실현하기 위한 수단 중에 하나가 5년마다 도시계획을 재정비하는 '도시계획 재정비'이다. 법률적 근거는 「국토의 계획 및 이용에 관한 법률」 제34조에 있다.

도시관리계획 재정비를 할 때면 용도지역 · 용도지구 · 용도구역 변경은 물론 도로 · 공원 등 기반시설, 도시개발사업 및 정비사업, 지구단위계획 등 전반적인 내용을 검토한다. 원칙적으로는 도시기본계획상의 단계별 토지이용계획에 따르게 되어 있다. 다만, 예외가 있다. 도시기본계획 수립 후 개발 여건의 변화로 차기 단계로 개발을 유보하고자 하는 경우, 지역 여건 또는 개발정책상의 불가피한 사유로 전체 토지이용계획 중 30% 범위에서 단계별 토지이용계획을 상호 조정한 경우이다.

토지이용계획을 정비할 때는 도시기본계획의 내용, 도시관리계획 수립지침 등을 토대로 변경 기준을 마련한다. 한 예로 서울시의 제3종일반주거지역 변경 요건을 살펴보면 역세권에 인접한 지역, 상업 또는 준주거지역에 인접한 지역, 간선도로변에 인접한 지역, 용적률 220%를 초과하거나 18층 이상인 건물 동수가 블록 내 총건물의 10%를 초과하는 지역과 같은 기준 등이었다.

어떤 지방자치단체는 중심지 발전계획·생활권 계획 등 도시 차원의 종합계획 성격을 가진 관련 계획에서 용도지역 조정 필요성을 제시한 지역인지, 인근에 대단위 개발사업 완료 또는 개발계획이 확정되었는지, 역세권 형성 등으로 토지이용이 급격하게 변화되는지 같은 변경 방향을 설정하기도 한다. 광주광역시는 용도지역 상향을 하려면 1단계 조정을 원칙으로 하고, 용도지역 조정 이후 연접한 지역과 2단계 이상 차이가 발생하지 않도록 하는 기준을 마련하였다.

이처럼 지방자치단체마다 도시 여건이 다르므로 용도지역 조정기준이 상이하다. 필자의 경우 도시 차원의 현황분석을 하면서 생기는 이슈들을 리스트로 만든다. 이슈별로 논의할 내용을 계획하고 전문가 조언을 받는다. 중요한 이슈라면 여러 차례 걸쳐 자문 받고, 필요한 경우 내부 방침을 받기도 한다. 시민 의견이 필요한 부분은 의견청취 절차를 이행하며 도시관리계획 재정비를 진행하였다. 이러한 실무적 활동을 절차도로 그려보면 다음과 같다.

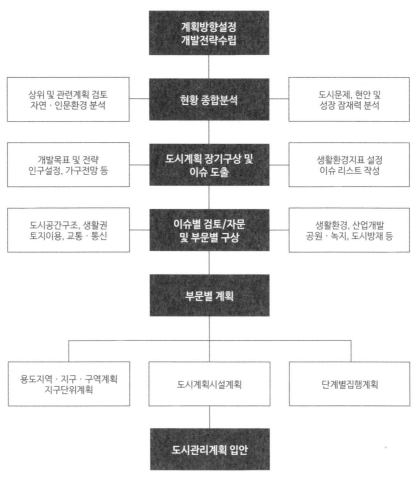

계획방향설정
개발전략수립

상위 및 관련계획 검토
자연 · 인문환경 분석

현황 종합분석

도시문제, 현안 및
성장 잠재력 분석

개발목표 및 전략
인구설정, 가구전망 등

도시계획 장기구상 및
이슈 도출

생활환경지표 설정
이슈 리스트 작성

도시공간구조, 생활권
토지이용, 교통 · 통신

이슈별 검토/자문
및 부문별 구상

생활환경, 산업개발
공원 · 녹지, 도시방재 등

부문별 계획

용도지역 · 지구 · 구역계획
지구단위계획

도시계획시설계획

단계별집행계획

도시관리계획 입안

도시관리계획 재정비 실무적 활동 절차도

이러한 실무적 활동을 통해 마련된 입안_안은 「국토의 계획 및 이용에 관한 법률」에 규정된 행정절차를 이행하여야 법적효력을 발생한다. 시의회 의견청취, 지방도시계획위원회 심의 등의 절차는 다음과 같다.

도시관리계획 재정비의 행정 절차도

도시계획 변경 사전협상을 통한 용도변경

도시는 시시각각 변하는 유기체인데 반해, 도시계획 제도는 변하지 않으려는 특성이 있다. 자칫 잘못 변경하면 애초 선의의 취지와 다르게 특정 대상에게 특혜가 될 여지가 있기 때문이다.

담당공무원이 아닌 제삼자는 책임을 지지 않기 때문에 옆에서 훈수 두기 쉽지만, 담당자 입장에서는 추후 받을 불이익을 감당하기 어려운 게 현실이다. 그래서 사회적 변화 요구가 뚜렷해져야 도시계획 변경에 시동이 걸린다. 더구나 도시기본계획을 수립하고 도시관리계획 재정비로 변경하려면 10년 정도가 소요된다. 그러나 시대는 갈수록 빨리 변한다. 재정비 제도를 거쳐 변경할 때쯤이면 그 수요는 이미 사라질 수 있다. 그래서 도입한 것이 '도시계획 변경 사전협상' 제도이다.

도시계획 변경 사전협상 제도는 개발이익을 공식적인 협상을 통하여 환수해 특혜를 없애고 시민의 수요를 고려한 공공성 확보를 위해 마련한 제도이다. 사전협상 제도의 목적은 두 가지로 볼 수 있다. 첫째, 그간 사업자가 공공기여를 제안해 왔지만, 도시 공공적 측면에서 수요에 맞춰 기여 받고자 협상하는 것이다. 둘째, 용도지역 상향에 따른 특혜 의혹을 투명하게 처리하는 것이다. 이 제도는 강요가 아닌 제안에 의해 상호 협상하는 내용이다.

지구단위계획으로는 주거지역을 상업지역으로 변경하는 용도지역 간 변경이 불가능하다. 그러나 예외적으로 역세권과 같은 주거 · 상업 · 업무 등 복합적인 토지이용을 증진할 필요가 있는 지역, 군사 · 교정시설 · 정류장 · 공장 등과 같은 대규모 시설을 옮기고 남은 토지를 효율적으로 활용할 때 지정한 지구단위계획구역에 대해서는 용도지역 간 변경이 가능하다.

사전 협상의 주요 쟁점으로는 사전협상 대상, 기여율에 관한 사항, 공공기여의 범위에 관한 사항, 공공기여 시점이다. 사전협상은 크게 3개 단계로 진행된다. 첫 번째 단계에서는 협상 제안 대상지가 적합한지를 판단한다. 도시관리정책, 상위계획, 규정 및 지역발전에 부합 여부, 현재 시점에서 협상 시행이 적합한지 등을 살펴보고 결정한다. 광주광역시는 도시계획 변경 사전협상의 본질을 고려하여 아파트 건설을 위한 용도지역 변경을 제한하고 있다. 이 과정에서 공무원은 전문가의 조언을 받기도 하고, 관계부서 의견을 듣기도 하면서 협상의 의제를 마련한다.
사전협상에 어느 정도 기한이 소요되는지 문의가 많다. 정상적으로 진행되더라도 2년 이상을 필요로 한다. 그런데 암초를 만나면 담당 공무원이 몇 번 바뀌면서 더 늦춰지기도 한다.

한 사업자가 골프장 부지75만3,586㎡의 53%에 해당하는 40만㎡를 대학 부지로 무상 기부하고, 남은 잔여지 35만3,586㎡에 아파트 5천여 가구를 짓고자 했다. 잔여 체육시설 부지를 아파트 신축이 가능한 제3종 일반주거지역으로 변경하고, 용적률대지면적 대비 건물 연면적을 높이는 도시관리계획 변경을 원했다. 지자체가 도시관리계획 변경 절차를 담은 입안서를 만들려면 지방의회 의견을 청취해야 한다. 그런데 시의회가 '도시관리계획 입안서' 의견청취 안건 상정을 무기한 보류하였다. 지역사회는 공공성 강화를 요구하고 있었기 때문이다.

본격적인 협상에 들어가서도 당사자 간 조정이 어려워 발생하는 문제가 많다. 이때 조정자 역할을 담당하는 전문가가 필요하다. 예를 들어 사업자가 부지 일부를 공원으로 기부채납한다고 나설 경우, 땅 중에 가장 효율성이 적은 부지를 제안할 가능성이 높다. 이에 반해 공공 측은 지역의 허파 역할을 할 수 있는 입지에 기부채납을 원한다. 이때 민간, 공공, 전문가 등 10명 내외로 구성된 협상조정협의회가 조정과 협상을 담당하게 된다.

협상실무를 할 때 중요한 것은 테이블에 올릴 의제 선정이다. 흔히들 기부채납에 집중하지만, 그에 앞서 지역의 특성을 살펴보아야 한다. 변경된 용도지역의 밀도계획용적률 · 높이이 적합한지, 일자리 창출을 위해 필요한 용도가 입지하는 것인지 등 도시계획의 본질을 찾는 게 우선적으로 필요하다. 사업자는 단순히 현금이나 시설물을 기부하겠다는 협상보다는 사전협상 부지가 도시 차원에 어떤 역할을 할 것인지 함께 고민하고 다양한 개발계획 대안을 분석하여 제안하는 자세가 필요하다.

협상은 파이를 나누는 방향보다는 파이를 키워가는 윈윈Win-win이 되도록 하는 게 이상적이다. 예를 들어 A가 1억 원을 요구하고, B는

4천만 원을 기부하겠다고 하여 절반씩 양보하여 7천만 원에 합의하는 것은 파이를 나누는 것이다. 파이를 키워가기 위해서는 다양한 의제를 발굴해야 한다. 예를 들어 C란 회사에서 브랜드 판매권 로열티를 10억 원에 판매한다고 하자. 가격을 내리는 협상이 아니라 몇 년간 계약할 것인지, 어느 지역까지 판매권을 허용할지, 로열티는 일시불인지 아니면 분할하는지 등 다양한 협상의제를 만들어 상호 간 의제별로 조정해야 한다.

사전협상을 통해 용도지역 변경으로 생기는 이익 일부를 공공에 기여할 방안은 신청자와 지방자치단체 간의 협상으로 내용이 정해진다. 용적률이 높아지거나 건축제한이 완화되는 용도지역으로 변경되거나 도시계획시설 결정이 변경되어 행위제한이 완화되는 혜택이 있기 때문이다. 이 경우 협상의 내용은 용도지역의 변경 여부, 그 규모 등과 신청자가 제공하는 시설 또는 비용이 상호 연계되어 있다.

광주광역시의 경우는 용도지역 간 변경을 할 경우 해당 토지면적에 증가하는 용적률의 5/10를 변경되는 용도지역의 용적률로 나눈 값으로 하고 있다.

변 경 내 용			공공기여비율
제1종일반주거지역	⇒	준주거지역	31% 내외
	⇒	일반상업지역	43% 내외
제2종일반주거지역	⇒	준주거지역	23% 내외
	⇒	일반상업지역	39% 내외
제3종일반주거지역	⇒	준주거지역	19% 내외
	⇒	일반상업지역	38% 내외
준주거지역	⇒	일반상업지역	30% 내외

광주광역시의 공공기여 비율(예시)

용도지역 변경이 없는 도시계획시설 폐지는 20% 내외로 하고 있다. 그리고 용도지역 변경과 도시계획시설 폐지가 함께 이루어진 경우는 각각을 합산 후 5%를 감한 비율로 하고 있다. 세 번째 단계는 합의한 협상을 이행하는 것이다.

지구단위계획을 통한 종상향 허용 범위

지구단위계획을 통해서 용도지역을 변경할 수 있는지 문의가 많다. 「도시관리계수립지침」 3-3-3 내용에 따르면 지구단위계획으로 용도지역 간 변경은 불가능하고 용도지역 내의 종상향은 가능한 근거가 있다.

즉, 지구단위계획으로 주거지역을 상업지역으로 변경할 수는 없지만, 주거 · 상업 · 공업 · 녹지지역 간 용도지역 변경은 할 수 있다. 예를 들어 제1종일반주거지역에서 제2종일반주거지역으로, 일반공업지역은 준공업지역으로 변경할 수 있다는 뜻이다. 그러나 지방자치단체마다 정책 방침이 상이하여 종상향 가능 여부는 직접 알아보아야 한다. 대부분의 광역시는 2010년 중반부터 종상향을 허용하지 않는 추세이다.

광주광역시는 2019년 7월 17일부터 「주택법」에 의한 지역주택조합 아파트를 건축하기 위하여 제1종일반주거지역을 제2종일반주거지역으로 종상향하려는 제안을 수용하지 않기로 하였다. 흔히 구청에서 설립 인가를 받은 지역주택조합이 아파트 건립이 불가한 저층 중심의 제1종일반주거지역을 종상향하여 아파트를 건축하겠다

며 사업계획승인을 신청한다. 이후 지구단위계획 의제 협의 시 종상
향 여부에 대한 도시계획 검토가 이루어지다 보니 선의의 조합원들
이 피해를 보는 문제들이 생겨왔다. 그리고 사업자 중심의 개발계획
제안으로 저층 주거지의 획일적인 공동주택화로 공공성이 보장되지
않는다는 판단에 따른 것이다.

2

시가화
예정용지의
도시관리

지도에 표시되지 않는 시가화 예정용지

공인중개사사무소를 찾았더니 지도상에 노란색 테두리를 그려 놓은 지역이 시가화 예정용지라며 지금 사두면 땅값이 오른다며 구매를 권유하는데, 과연 사실일까?

도시기본계획을 수립할 때는 20년 후 도시의 인구규모, 산업과 고용증가율 등을 고려해 필요한 토지 수요를 추정한다. 그렇게 산정된 면적을 기준으로 도시기본계획에서는 시가화 용지, 시가화 예정용지, 보전용지로 토지이용을 계획한다. 시가화 용지는 이미 시가화된 기개발지로써 주거용지 · 상업용지 · 공업용지 · 관리용지로 구분해 계획하고 지도상에 위치를 표시하고 있다. 시가화 예정용지는 도시 발전에 대비해 주택난이나 산업용지 등이 부족하지 않도록 필요한 개발공간을 확보하기 위한 용지이다. 지도상에 위치를 표시하지 않고 총량으로만 관리한다. 보전용지는 개발억제지, 개발 불가능지, 개발가능지 중 보전하거나 개발을 유보하여야 할 지역이다. 도시지역의 개발제한구역 · 보전녹지지역 · 생산녹지지역 및 자연녹지지역 중 시가화 예정용지를 제외한 지역이 여기 해당한다.

시가화 예정용지는 국책사업, 산업단지 개발, 철도 개통으로 인한 역세권 개발 같은 행정절차가 진행되고 있거나, 앞으로 개발 · 정비가 예상되는 지역 등을 조사하여 5년 단위로 물량을 새로 추계한다. 이처럼 시가화 예정물량 산정의 핵심은 개발 사업 및 인구 유입 전망이라고 할 수 있다. 자연녹지지역을 주거지역으로 변경하고자 하는데 시가화 예정용지 총량이 부족하다면 난감할 수 있기 때문이다. 시가화 예정물량 산정의 핵심은 개발 사업 및 인구 유입 전망이다. 당초 조사한 사업계획 중 개발시기가 당겨지거나 지체될 경우 단계별5년 단위로 배정된 물량에 변동이 생길 수 있다. 때론 다른 생활권에 사업이 시작되어 애초 배정한 물량이 맞지 않을 수 있다. 이런 이유로 도시기본계획 수립지침에서는 총량을 유지하면서 단계별 수요량의 30% 내에서 도시기본계획을 변경하지 않고 조정할 수 있도록 규정하고 있다.

최근에는 시가화 예정용지 물량 외에 비도시지역의 지구단위계획 물량도 관리하고 있다. 실제로 A시의 경우 비도시지역에 관광지 개발을 추진하였으나, 도시기본계획상 관광휴양형 지구단위계획 물량이 확보되지 않아 도시기본계획을 변경할 때까지 사업이 지연되었다. 이러한 문제점을 해소하기 위해 비도시 지역이 있는 도시는 도시기본계획을 수립할 때 시가화 예정용지 물량 외에 비도시지역 내 지구단위계획 물량까지 별도 관리할 필요가 있다.

구 분		시가화 예정용지 단계별 개별 총괄				
생활권	주용도	합계	1단계 (2016~2020)	2단계 (2021~2025)	3단계 (2026~2030)	4단계 (2031~2035)
시가화 예정 용지	합계	36.588	12.670	9.878	7.370	6.670
	주거용	19.382	9.851	4.319	2.852	2.360
	상업용	9.795	1.577	2.949	2.739	2.530
	공업용	7.411	1.242	2.610	1.779	1.780
동부	합계	20.179	7.780	5.038	3.679	3.682
	주거용	13.301	6.590	2.589	2.061	2.061
	상업용	2.454	0.246	0.735	0.735	0.738
	공업용	4.424	0.944	1.714	0.883	0.883
북부	합계	16.409	4.890	4.840	3.691	2.988
	주거용	6.081	3.261	1.73	0.791	0.299
	상업용	7.341	1.331	2.214	2.004	1.792
	공업용	2.987	0.298	0.896	0.896	0.897

B시 시가화 예정용지 단계별 · 생활권별 물량(단위 : ㎢)

도시기본계획수립 지침을 살펴보면 시가화 예정용지를 지정할 때에는 도시지역의 자연녹지지역, 계획관리지역 및 개발진흥지구 중 개발계획이 미수립된 지역을 우선 지정하도록 하고 있다.

인구가 줄어들면서 산업과 고용시장이 감소하는 도시가 많이 나타날 것이다. 그런 도시는 목표 연도 내에 계획을 완수하기 어려워진다. 그렇다면 시가지 예정용지 물량을 재검토하는 일도 빈번하게 발생할 것으로 보인다.

용도 변경 어려운 시가화 조정구역

도시계획에 '시가화 조정구역'이란 용어가 있다. 시가화 예정구역과는 완전히 다른 개념이다. 시가화 조정구역은 도시지역과 주변 지역의 무질서한 시가지화를 막고 계획적이고 단계적인 개발을 도모하기 위해 지정한다. 주민공동 이용시설과 공익시설, 종교시설, 농·수산업 시설 등을 제외한 모든 주택과 근린생활시설, 공장 신·증축, 용도 변경이 사실상 금지된다.

2005년 행정중심복합도시 예정지 주변 지역인 연기군 금남·남·동·서면, 공주시 장기·반포·의당면, 청원군 부용, 강내면 등 3개 시·군 9개 면 74개리 주변 지역 223.77㎢ 가운데 난개발의 우려가 있는 녹지지역, 농림지역, 관리지역은 시가화 조정구역 수준으로 관리한 바 있다. 이렇게 제한을 두는 것은 보상을 앞두고 개발 행위와 투기성 매매가 지속되고 있기 때문이다.

3

개발제한구역
해제 가능 여부
알아보기

4가지 유형의 개발제한구역 해제 조정 대상 가능지역

A씨는 퇴직 후 노후를 위해 대도시 변두리 마을에 전원주택을 짓기로 했다. 마땅한 부지를 찾아다니다 개발제한구역이긴 하지만, 조만간 해제된다는 공인중개사의 말을 듣고 덜컥 땅을 구입했다. 인접 마을이 얼마 전 개발제한구역에서 해제된 바 있고, 차량이 다닐 만한 사도私道도 있어서 중개사의 말에 더 혹한 것이다. 구입 후 시청에 방문해 해제 여부와 시기를 물었지만, 돌아오는 답변은 해제 대상 부지가 아니라는 통보뿐이었다.

이런 안타까운 일들을 막고자 개발제한구역 해제에 대한 법령인 「개발제한구역의 지정 및 관리에 관한 특별조치법」, 「개발제한구역의 조정을 위한 도시관리계획 변경안 수립지침」을 쉽게 정리하여 그 내용을 SNS에 올린 적이 있다. 당시 개발제한구역 해제를 위한 도시관리계획 입안이 가능한 지역인지 살펴볼 주요 사항으로 총 4가지를 제시했다. 첫째는 개발제한구역 해제 조정대상 가능지역 유형에 해당하는지, 둘째는 해제선정 요건에 해당하는지, 셋째는 해제 대상지역 내 가능한 사업인지, 넷째는 사업가능 대상자에 해당하는지 여부이다. 소규모 주택 건축부터 대규모 산업단지 개발까지 개발제한구역을 해제하는 개발사업 사례가 간혹 있었다. 자주 있는 일이 아니다 보니 사업구상 단계에서 자료 수집에 애로사항이 있을 것으로 여겨 그 내용을 요약해 본다.

첫째, 경계선 관통대지 유형이다. 개발제한구역 지정·해제 당시부터 토지 면적이 1천㎡ 이하로써 개발제한구역 경계선이 그 토지를 관통하는 경우에 해제 조정 가능 대상지이다. 지자체별로 해제 대상 기준이 일부 상이할 수 있으므로 담당 부서에 문의가 필요하다.

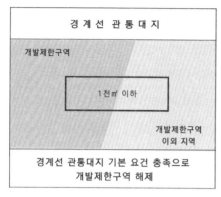

예시

둘째, 소규모 단절토지 유형이다. 개발제한구역 지정 후 도로_{중로2류, 폭 15m 이상}·철도 또는 하천 개수로를 설치함에 따라 생겨난 3만㎡ 미만의 소규모 단절토지에 해당하면 해제 대상이 된다. 지자체별로 해제 대상 기준이 일부 상이할 수 있으므로 담당 부서에 문의가 필요하다.

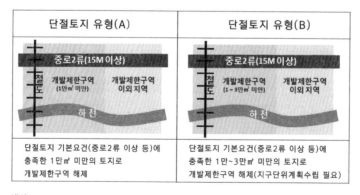

예시

셋째, 집단취락지 정비 유형이다. 자치단체별로 취락 호수 기준은 다르다. 광주광역시의 경우는 주민이 집단으로 거주하는 20호 이상 취락으로 주거환경 개선 및 취락 정비가 필요한 지역을 대상으로 한다. 1)

참고로 취락지구는 자연취락지구와 집단취락지구로 나뉜다. 자연취락지구는 녹지지역·관리지역 등의 취락을 정비하기 위해 지정하고, 집단취락지구는 개발제한구역 안의 취락을 정비하기 위해 지정한다. 자연취락지구가 되면 용적률과 건폐율이 녹지지역과 비교해 상향조정되는 혜택이 있어 자연취락지구에 선정되기를 요청하는 민원이 상당히 많다. 녹지지역 건폐율은 20% 이하인데 자연취락지구가 되면 40% 이하로 상향되고, 용적률 역시 60% 이하에서 80% 이하로 늘어난다. 또한 진입도로 및 마을 내 도로·상하수도·주차장 등 기반시설 설치를 위한 사업비가 국비 및 지방비로 지원이 된다. 개발제한구역에서 해제되는 자연부락이 취락지구이다. 개발제한구역 내 10호 이상 20호 미만10호/ha 이상의 자연부락인 취락을 대상으로 2003년에 처음 지정하였다.

넷째, 도시용지 또는 기반시설 설치가 필요한 곳이다. 개발제한구역 중 보전 가치가 낮게 나타나는 지역으로 도시용지의 적절한 공급을 위하여 필요한 곳, 도시의 균형 성장을 위한 기반시설 설치 등 토지 이용 합리화가 필요한 지역이다. 이 유형을 활용하여 산업단지 개발 등 공공사업을 시행한다고 볼 수 있다.

모두 충족해야 하는 개발제한구역 해제 선정 요건

첫째, 기존 시가지·공단 등과 인접하여 개발 시 경제적 효과가 큰 지역으로서 도로 등 대규모 기반시설 설치에 많은 비용이 들지 않아야 한다.

둘째, 환경평가등급이 3~5등급에 해당하여야 한다. 환경평가등급은 개발제한구역 내 경사도·표고·수질·식물상·농업적성도·임업적성도 등 6개 항목을 종합한 5개 등급으로 분류하는데, 그중에서 환경평가등급이 낮은 3~5등급에 해당하면 해제가 가능하다. 이 등급은 광역도시계획이 수립될 당시의 환경평가 기준을 그대로 적용해 오다 2016년 1월 1일 갱신된 환경평가등급을 적용하고 있다. 자료는 지자체별로 담당 공무원이 가지고 있는데, 부동산 투기 등의 우려가 있어 제한적으로 공개한다.

셋째, 난개발 방지, 상하수도 등 기반시설 공급의 용이성 등을 고려하여 최소 20만㎡ 이상의 규모로 정형화된 개발이 가능한 지역이다. 단, 이미 해제된 지역이나 기존 시가지 등과 결합하여 단일구역으로 개발가능한 지역 등 특별한 사유가 있는 지역은 예외적으로 20만㎡ 미만의 규모로 일부 완화 적용이 가능하다.

넷째, 기 해제지역이나 기존 시가지 등과 인접하여 개발이 가능한 지역이다.

그린벨트 해제 대상지역 내에서 가능한 사업

주로 공공적 성격이 가능한 사업이다. 지역 특화 발전을 위한 추진 사업 등과 같이 포괄적으로 언급하고 있다. 구체적인 사업 종류는 다음과 같다.

- 공공주택사업 · 사회복지사업 · 녹지확충사업 등
- 산업단지, 물류단지, 유통단지, 컨벤션센터 건설사업
- 기타 도시의 자족기능 향상, 공간구조 개선,
  도시민의 여가 선용, 지역 특화발전을 위해 추진하는 사업

사업가능 대상자

개발제한구역 해제 후 개발사업을 실시하려면 공공의 지분이 50%를 가지도록 규정해 공공성을 확보하도록 하였다.

- 국가, 지방자치단체, 공공기관, 지방공사
- 특별법에 의하여 설립된 정부지분 50% 이상 기관
- 해제지 개발을 위해 설립한 특수목적법인민간출자비율 50% 미만

개발제한구역을 해제하고 도시개발을 추진할 때 의외로 놓치는 절차 중 하나는 도시기본계획 변경을 선행할지 여부이다. 예를 들어 대학을 새롭게 설립하려면 도시기본계획에 반영해야 한다. 다음 도표는 도시개발사업을 추진할 때 절차도이다.

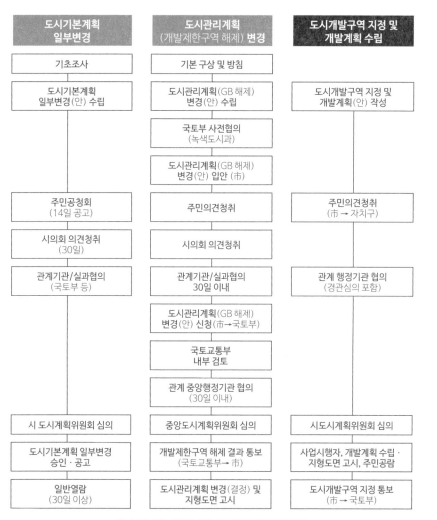

도시기본계획 일부변경	도시관리계획 (개발제한구역 해제) 변경	도시개발구역 지정 및 개발계획 수립
기초조사	기본 구상 및 방침	
도시기본계획 일부변경(안) 수립	도시관리계획(GB 해제) 변경(안) 수립	도시개발구역 지정 및 개발계획(안) 작성
	국토부 사전협의 (녹색도시과)	
	도시관리계획(GB 해제) 변경(안) 입안(市)	
주민공청회 (14일 공고)	주민의견청취	주민의견청취 (市 → 자치구)
시의회 의견청취 (30일)	시의회 의견청취	
관계기관/실과협의 (국토부 등)	관계기관/실과협의 30일 이내	관계 행정기관 협의 (경관심의 포함)
	도시관리계획(GB 해제) 변경(안) 신청(市→국토부)	
	국토교통부 내부 검토	
	관계 중앙행정기관 협의 (30일 이내)	
시 도시계획위원회 심의	중앙도시계획위원회 심의	시도시계획위원회 심의
도시기본계획 일부변경 승인 · 공고	개발제한구역 해제 결과 통보 (국토교통부→ 市)	사업시행자, 개발계획 수립 · 지형도면 고시, 주민공람
일반열람 (30일 이상)	도시관리계획 변경(결정) 및 지형도면 고시	도시개발구역 지정 통보 (市 → 국토부)

개발제한구역 해제를 위한 도시관리계획 변경 절차

개발제한구역의 보전을 위해 개발제한구역 해제 이후 개발사업 추진을 기본원칙으로 하고 있다. 다만, 「개발제한구역의 조정을 위한 도시관리계획 변경안 수립지침」 제4-4-3에 의거 다른 법률에 따른 공익사업의 추진을 위해 개발제한구역 해제를 추진할 경우 도시·군관리계획의 입안, 주민의견 청취, 관계기관 협의 절차 등 중복되는 절차는 동시에 진행할 수 있다.

4

도시
계획시설의 핵심,
수용권과
공공시설 공급

도시계획시설 정비방향 설정

전국 도시계획 공무원이 함께 모이는 워크숍에 참석했다. 한 지자체 공무원이 도시관리계획 재정비를 시작하는데, 이에 대한 관련 자료가 없다고 하소연했다. 같은 업무를 맡고 있던 필자 역시 국토교통부의 도시·군관리계획 수립지침, 과년도 도시관리계획 재정비 자료가 전부인 걸 알고 있어 그 고충을 공감했다. 도시계획을 공학으로 보면 다양한 서적이 출간되어야 마땅한데, 도시계획은 시대의 변화를 담아내는 공간계획이다 보니 참고 서적이 많지 않은 게 현실이다. 2025년을 목표로 하는 도시관리계획 재정비 중 도시계획시설 부문을 다룰 때를 예로 들어보자. 도시계획시설이란 도로·공원·시장·철도 등과 같이 도시기능 유지를 위한 기반시설 중에 도시관리계획으로 결정하는 것들을 말한다. 이를 공학적으로 해석하면 교통성, 재정 투입여력, 민원 여부 등을 고려하여 신설할 건지, 존치 또는 폐지할 것인지를 결정하면 된다. 이를 고려하여 다음과 같은 원칙을 먼저 마련하였다.

첫째, 상위계획인 도시기본계획의 기반시설계획을 반영 검토한다. 도시관리계획 재정비 목표연도가 2025년이라면 그때까지 단계별 실행계획을 검토하되, 구체적인 사업계획 및 입지가 결정된 시설만 반영한다. 그렇지 않아도 재정이 어려운 실정에서 구체적으로 결정되지 않은 시설을 반영할 경우 장기 미집행 시설이 양산되기 때문이다. 특히 도시기본계획에 수립된 도시계획시설 중에 재원조달계획 등 구체적인 사업계획이 없는 것은 반영치 않는 것을 원칙으로 삼았다.

둘째, 시의 장기 미집행시설 해소 집행계획을 반영하여 재정적 집행이 불가능한 시설은 해제 정비한다. 도로관리 부서가 주로 많은 의견을 내기도 하지만 주택건설사업계획 승인 시 공공기여에 대한 자료를 함께 파악하여 집행 시기 등을 분석하는 일은 도시계획부서 담당이다.

셋째, 관계기관과 부서 등 현안 사업계획에 따른 기반시설 설치 또는 정비계획은 구체적인 사업계획을 포함한 입지가 결정된 시설만 도시계획시설 신설 또는 정비를 검토한다. 도로의 경우는 교통성을 검토한다.

넷째, 미집행 도시계획시설 중 여건 변화 등으로 불합리하거나 실현 불가능한 시설은 과감히 변경 또는 폐지하여 미집행시설을 최소화한다.

다섯째, 도시계획시설의 신규 결정은 재원조달계획, 사업시행계획 등의 구체적인 사업계획을 포함한 입지가 결정된 시설만 결정 검토한다.

여섯째, 결정고시 내용과 시설 운용상 명칭 또는 지변 변동에 따른 위치, 관리면적 등이 상이할 경우 시설명, 시설의 위치, 면적 조정 등을 정비한다.

일곱째, 도시계획시설의 해제로 인하여 난개발이 예상되는 경우에는 관리방안 마련을 검토한다. 도시공원이 해제된 지역은 보전녹지지역으로 용도지역을 하향하는 등 대체관리방안을 마련한다.

이러한 기준을 세우고 안건별 도시계획시설 정비안을 마련하였다. 예를 들어, A종합청사는 건축법상 공공업무시설이나 건축법에서는 제2종 일반주거지역 안에서 바닥면적의 합계가 2천㎡ 미만인 것만 건축할 수 있다. 그러나 기존 건축물이 2천㎡를 초과한 상황에서 증축 자체가 불가능할 경우 도시계획 용도지역을 스폿조닝Spot zoning 으로 변경하기에는 어려워 도시계획시설로 결정하기도 한다. 국토계획법 제83조용도지역·용도지구 및 용도구역 안에서의 건축제한의 예외에 따라 도시계획시설에 대하여는 용도지역 및 용도지구 안의 건축제한의 규정을 미적용한다. 그러나 민간의 건축물에는 공공성 문제로 적용하기 힘들다. 도시계획시설의 경우에도 구체적인 사업계획이 인정된 문서가 반드시 필요하다.

도로시설이 폐지될 경우 용도지역 변경도 고려하여야 한다. 예를 들어, 과거 도시확장 시대에 야산을 통과하는 도시계획선을 그었는데 도로 개설에 실효성이 없으면 주변의 용도지역을 보존녹지지역으로 하향 조정하는 검토가 필요하다. 산업단지가 준공된 지 25년이 지났는데, 산업단지 주변부에 미개설 도로가 있어 폐지 여부를 검토하면서 관리부서의 의견을 받아야 할 상황이었다. 개발계획으로 관리되는 일반산업단지는 「산업입지 및 개발에 관한 법률」 제13조의4 및 같은 법 시행령 제15조의4, 같은 법 시행규칙 제6조의3에 따라 너비 15m 이상인 도로를 변경할 때 산업단지 실시계획을 수립하여 산업단지 지정권자의 승인을 받아야 하는 사항이 있을 수 있다. 관리부서를 파악하고 관련 법규를 근거로 검토해야 한다. 이처럼 관련기관에서 접수된 요청사항을 검토하는 내용이 대부분이다.

완충녹지를 폐지해 달라는 민원도 있다. 완충녹지는 철도에서 발생하는 매연·소음·진동 등의 공해를 차단 또는 완화하기 위하여 계획된 시설로 기능을 유지할 필요가 있다. 또한 「도시공원 및 녹지 등에 관한 법률 시행규칙」 제18조 제4항에 따라 녹지를 설치하지 않을 수 있는 기준에 해당되지 않으므로 완충녹지 폐지 민원은 받아들여지지 않았다.

이와 같은 과정을 통해 매번 해당 도시관리계획의 본질을 꿰뚫어 보는 시각이 필요함을 다시 한 번 느낀다. '용도지역·용도지구·구역 등과 관련된 토지이용계획, 기반시설의 설치·정비 또는 개량에 관한 계획, 도시개발사업이나 정비사업에 관한 계획'의 도시관리계획별 특성을 고려한 기준을 제대로 정립하기 위해서이다.

임의시설을 도시계획시설로 관리하는 이유

도시계획시설은 반드시 도시계획시설로 설치하는 필수시설과 도시계획시설 결정 없이 일반 개발행위 허가로 설치할 수 있는 임의시설로 구분된다. 임의시설은 도시계획시설로 설치하거나 일반 개발행위 허가를 받아 설치하는, 두 가지 방식 중 하나를 선택할 수 있다. 국토계획법 제43조 제1항에서는 임의시설을 규정하면서 용도지역·기반시설의 특성 등을 고려한다는 단서만 제시하고, 도시관리계획으로 결정하지 않아도 되는 기준은 제시하지 않고 있다. 이에 따라 위치·규모 등과 상관없이 임의시설이라면 토지가 이미 확보되어 수용권을 적용할 필요가 없고, 도시계획시설 결정 절차 없이 신속하게 설치·공급하고자 할 때 일반 개발행위 허가로 설치하게 된다. 한편, 임의시설을 비도시계획시설로 설치하게 되면, 장래 수용 등에 대비하기 위한 시설을 확보하는 데 한계가 있을 수 있다. 도시계획시설은 도시관리계획으로 용도 등을 고정하고 향후 변경 시에도 절차를 통해 진행하여 무분별한 시설의 폐지를 제한하고 있지만, 비도시계획시설은 미래를 대비하기 위한 보호 장치가 없는 실정이다.

일례로 국유지에 위치한 비도시계획시설인 파출소의 소유권이 공무원연금관리공단으로 이전되면서 공단이 제1종일반주거지역 해당부지 1,426㎡를 민간에 매각했다. 계약 시 특약 조건에 파출소로 인한 부지 사용 제한은 매입자가 책임지기로 하였다. 민간은 매입한 부지를 사적 용도로 활용하기 위해 파출소 이전 예산을 반영해 달라고 경찰청에 요구했지만, 경찰청이 수용하지 않자 2013년 파출소 부지 사용료 지급 청구 소송을 제기하여 2017년 승소하였다. 2017년 7월에는 건물 철거소송을 제기하여 2018년 7월 1심, 11월 2심 승소한 바 있다. 지역 주민 3천 명은 파출소를 지금 위치에 유지해 달라는 탄원서를 제출하였지만, 이전할 수밖에 없는 상황이 되었다. 결국 2020년 10월 현재 해당 파출소는 인근 동사무소 2층에 주민치안센터로 입주하고 새로운 부지를 물색 중이다. 이는 공공시설이 도시계획시설로 결정하지 않는 경우에는 유지와 관리가 어렵다는 것을 보여준 단적인 사례이다.

도시계획시설의 핵심은 수용권

도시계획시설의 핵심은 수용권이라고 생각한다. 서울특별시 중구에서는 2015년 12월 성곽길 일대 제1종 일반주거지역 내 주택 34개 필지를 수용하여 4,275㎡ 부지에 지하 3층, 지상 4층, 연면적 9,704㎡ 규모, 199면의 주차면 수를 갖춘 공영주차장을 만들고자 했다. 2016년 3월 사업 대상지 거주민 단체는 자가율이 높은 지역으로 가옥주 조차 토지보상비로는 서울에서 현 수준의 주거를 확보하지 못한다는 이유로 거주자 유지를 요구하는 행정소송을 제기하였다. 2년여의 법정 공방 끝에 2018년 6월 28일 대법원은 최종적으로 주민의 손을 들어주었다. 판결에 따르면 공영주차장 등 공익사업을 시행하는 과정에서 다수의 기존 주택을 철거하는 경우는 단순한 재산권 제한을 넘어 매우 중요한 기본권인 '주거권'이 집단으로 제한될 수 있으므로, 이를 정당화하려면 중대한 공익상 필요가 분명하게 인정되어야 한다고 판시했다. 결국 수용에 따른 손실보상금이 지급된다는 사정을 고려해도 이주를 해야 하는 주민들의 사익 침해 정도가 공익상의 필요보다 더 크다고 판단한 것이다.

도시계획시설을 결정할 때는 공공성을 이유로 수용권을 부여한다. 그러나 위 사례와 같이 대부분 지역이 시가화된 경우에는 도시계획시설로 결정되어도 수용권을 행사하기 어렵다. 수용을 전제로 하는 도시계획시설의 결정이 아닌, 도시계획시설의 공공성에 대해 공론화하고 계획과정에서 주민의 협의 과정이 요구되는 사례가 발생하고 있다.

도시계획시설의 이슈는 공공성

체육시설의 세부시설인 골프장은 2003년 규칙에 도입되었지만,

2011년 체육시설에 대한 정의의 전문개정에 따라 삭제되었다. 개정 이유는 체육시설의 범위가 공익성이 있는 시설로 한정되었기 때문이다. 2010년에는 분양 또는 임대를 목적으로 하는 경우는 사회복지시설이라고 해도 도시계획시설에서 제외되었다. 영리를 목적으로 한 시설까지 도시계획시설의 범위에 포함해 용도지역 건축제한 완화와 수용 권한의 혜택을 가지는 것은 불합리하기 때문이다. 이처럼 골프장과 임대 목적의 사회복지시설은 도시계획시설에서 제외되었지만, 유통업무 설비 중 대형마트, 시장, 유원지 등을 도시계획시설로 결정한 것에 대해서는 여전히 공공성에 대한 논란이 지속되고 있다. 이들 시설은 과거와 달리 공공재보다는 민간재적 역할이 커졌기 때문에 어느 정도 도시계획적 규제는 필요하겠지만, 용도지역 등 도시관리계획으로도 충분히 관리가 가능하여 도시계획시설로 결정할 당위성이 크지 않다.

생활 인프라에 중점을 둔 도시계획

도시기본계획이 철학적이고 인문학적 요소가 많다면, 도시관리계획 재정비는 재정집행 등의 실효성과 법령에 근거한 실행 계획이라고 볼 수 있다. 도시기본계획의 철학이 명확하다면 지침적 역할을 하겠지만, 과거의 도시관리 재정비를 관례로 답습한다면 시대 변화의 패러다임을 수용하지 못하고 도시의 발전은 더딜 수밖에 없다.

저출산과 기대수명 증가로 유소년 인구는 줄고 노인층은 늘어나고 있다. 더구나 포스트코로나 시대 도시공간 구조의 변화는 불가피하다. 인구구조가 변하면서 연령대별로 필요한 도시계획시설도 달라져, 확대해야 하거나 감축해야 할 도시계획시설이 나타나고 있다. 1인 가구 증가로 인해 생활양식도 변하면서 새로운 용도의 시설에 대한 수요도 발생하고 있다.

도시의 성장단계에 따라 주요한 도시계획시설의 종류도 변화한다. 고도 성장기를 거쳐 안정기에서 성숙기로 접어들면서 '도시 기능유지를 위한 인프라에서 삶의 질 향상을 위한 생활 인프라'로 이동하고 있다. 도시가 성장하면서 공간의 성격과 위계가 변화하고, 기술이 발달하고 생활양식이 변하면서 도시계획시설로 공급·관리할 필요성이 낮아진 시설도 생긴다. 고도 성장기에 대량 공급되었던 도시계획시설이 노후화되어 이용률이 낮아져 재정비해야 할 시점도 도래하고 있다. 이에 주민의 안전과 토지의 효율적인 이용을 위해서는 노후·저이용 시설에 대한 전략적인 정비가 필요하다.

대도시 내 대부분 지역은 시가화되어 개발이 완료되었고, 공공부문의 재원에도 한정이 있다. 과거와 같이 공공부문이 주도하여 대량으로 도시계획시설을 공급·관리하는 방식은 한계가 있다. 1) 공급방식을 더욱 다각화하고 그 범위도 확대할 필요가 있다.

삶의 질 향상으로 생활밀착형 도시계획시설에 대한 주민 요구도 증가하고 있다. 지방자치제의 정착으로 지방분권에 대한 요구와 주민 생활에 밀접한 시설을 공급하기 위한 지방자치단체의 권한이 계속 확대되고 있다. 이를 통해 지역 기반의 섬세한 계획으로 주민 만족도가 높은 시설을 공급할 수 있게 되었다. 지역의 다양한 여건을 반영하고 기대치가 높아진 주민 요구에 부응하기 위해서는 도시계획시설을 양적으로 공급하는 데 그치지 않고, 서비스 내용과 접근성 등 시설의 질을 높이는 형태로 전환이 필요하다. 이를 위해서는 도

1) 이영은·박경현, 「도시계획시설 결정·관리 관련 쟁점과 연구 이슈」(2018) 서울연구원

시계획시설의 관리 · 운영에 대한 지방자치단체의 역할과 노력이 더욱 요구된다.

포스트코로나 시대에는 고령화 인구 증가로 도서관, 노인복지시설 등 문화 · 복지에 관련된 기존 시설을 비롯하여 일자리지원시설, 주민 커뮤니티시설 등 새로운 복지시설에 대한 수요가 증가하고 있다. 이러한 변화에 부응하여 국토계획법을 비롯한 법 · 제도가 생활 인프라 요구에 부응하는 방향으로 전환하고 있다.

2013년에 제정된 「도시재생 활성화 및 지원에 관한 특별법」에는 주민생활에 필요한 기반시설의 범위를 확대한 '기초생활 인프라'에 대한 개념이 도입되었다. 국토계획법도 2015년 12월 개정하면서 생활 인프라 수준에 대한 평가를 도입하였다. 국토계획법 시행령에서는 보급률 등을 고려한 생활 인프라 설치의 적정성, 이용의 용이성 · 접근성 · 편리성 등에 관한 사항을 생활 인프라 평가 기준으로 제시하고 있다.

포스트코로나 시대에는 재택근무와 온택트가 일상화되면서 도시관리에 많은 변화가 예상된다. 이에 따라 공공과 민간으로부터 도시계획시설 요구는 더 많아질 것이다. 도시관리는 앞으로 더 공평한 원칙하에 결정되어야 할 것이다.

5

도시
개발사업의
토지
수용권과
매도청구권

개발사업을 위한 토지 확보의 방법

어떤 사업자가 유원지를 만든다고 하자. 넓은 면적의 땅이 필요하기 때문에 사업자는 토지매입을 우선해야 한다. 토지를 확보하는 데는 두 가지 방법이 있다.

첫째는 사업자가 유원지 지역의 토지 소유자들을 직접 접촉해서 협의매수하는 방법이다. 이 과정은 매우 어렵다. 주민들의 마음을 돌려서 땅을 팔게 하기는 쉽지 않은 일이다. 사업자가 할 수 있는 최선의 방법은 소유자의 마음을 움직일 만한 수준의 가격을 제시하는 것이다. 하지만 토지매입 비용이 커지면 사업성이 떨어져 개발이 지연될 수 있다. 마지막까지 협상하며 시세보다 높은 가격을 받으려는 토지주가 있다면 문제는 더 심각해진다.

둘째는 수용권을 통한 강제 매입이다. 현재는 「도시개발법」에 의한 도시개발사업, 「국토계획법」의 도시계획시설 사업, 「민간임대주택법」에 의해 민간임대주택사업_{전용면적 85㎡ 이하 민간임대주택 사업부지의 토지소유권을 80% 이상 확보한 경우} 등 110개 사업이 여기 해당한다. 이런 사업은 토지 소유자들에게 일정 가격을 제시한 뒤 수용이라는 공권력의 힘을 빌려 강제로 땅을 취득하는 것이다. 대개 협의매수 방법보다 낮은 보상금이 지급된다. 그런데 국민의 가장 기본적인 권리인 재산권을 심각하게 훼손하는 문제점이 있어 「토지보상법」상 공익사업으로 인정받을 경우에만 토지수용권을 부여받는다.

도시계획사업으로 혹은 아파트 건설 사업에 자신의 토지가 편입되는 것을 반대하는 민원이 종종 있다. 그러나 공익사업으로 인정되면 토지 소유자는 자신의 재산권을 지키기 위해 할 수 있는 일은 거의 없다. 사업시행자가 시가보다 낮은 보상액을 제시했을 때, 토지 소유자가 이의를 제기하더라도 대부분 약간의 추가 금액만 더해져 다시 통보될 뿐이다. 법원에 소송을 제기하더라도 상황은 크게 달라지지 않는다.

「토지보상법」 제21조에는 토지수용권이 부여되는 공익사업에 대하여 인허가권자가 인허가를 내리려고 할 때 미리 중앙토지수용위원회의 의견을 듣도록 하고 있다. 토지수용위원회는 엄격한 기준을 적용해서 헌법의 기본 정신에 위배되지 않는 범위 내에서 수용을 허가하도록 규정되어 있다.

한 예로 토지수용위원회에서는 단일기업의 공장 이전을 위해 추진되는 일반산업단지 조성사업도 공익성이 부족하다고 판단했다. 해당 사업은 지역을 달리하여 2개의 공장을 운영하는 민간사업자가 생산성 향상과 물류비용을 최소화하기 위해 시가지에 있던 공장 1개를 나머지 공장 인근으로 이전하는 것이었다. 토지수용위원회는 기존 공장면적과 비교해 볼 때 공장 이전을 위해 지정된 산업단지 면적_{토지수용대상}이 과다한 측면을 지적하면서 "공장 이전에 따른 고용창출 등 경제적 효과 및 향후 사업 확장계획에 대한 소명도 충분하지 않은 점 등을 고려할 때, 사업계획을 구체적으로 검토하여 토지수용의 대상이 되는 사업부지면적을 축소 조정할 필요가 있고 수용보다는 협의를 통한 토지취득의 노력을 기울일 필요가 있다"는 의견을 덧붙였다.

1962년 「토지보상법」_{舊 토지수용법}이 제정될 당시만 하더라도 토지수용권은 국방, 군사, 도로, 철도 등 공공시설 개발 또는 건설사업에만 한정되어 왔다. 그러나 부동산 금융이 발달하여 자본집약적 개발 사업이 가능해지면서 대규모 부지를 어떻게 확보하느냐가 사업 출발의 가장 중용한 요소가 되었다. 자칫 공공성과 공익적 필요성이 부족한 각종 개발사업에 대해서도 토지수용권이 남용될 수 있어 사적 이익을 추구하는 민간개발자에게 수용권을 허용하는 것이 맞는지 중앙토지수용위원회에서 검토하고 있다.

「토지보상법」에 따른 수용 절차를 보면 국가 또는 지자체의 사업계획 결정 → 보상계획 공고 → 보상액 산정 협의 → 협의 미성립 시 토지 강제수용에 앞서 국토부의 사업 인정_{또는 사업 인정 의제} → 수용 재결 등의 단계를 밟게 된다. 토지 보상 또한 실거래가로 이뤄지지 않고 대다수 공시지가에서 10~30%를 더해 수용되는 실정이다.

사업인정 · 사업 인정의제 (인허가)	· 국토부장관이 사업인정 처분 · 사업인정 의제사업의 경우, 인허가로 사업인정 효력 발생 (중토위 의견 청취)
토지 · 물건조서 작성	· 취득(수용) 또는 사용할 토지 · 물건 확정 (토지소유자와 관계인의 서명 또는 날인)
협의	· 당사자간 협의가 성립되어 협의성립 확인을 요청할 경우 이를 수리(협의성립 확인)
수용(사용) 재결	· 당사자간 협의하지 못하여 신청을 할 경우 수용(사용) 여부 등을 결정(수용 · 사용 재결)
보상금 지급	· 수용(사용)의 개시일까지 보상금을 지급하거나 공탁하지 않으면 재결은 실효
수용재결 불복, 구제	· 토지소유자 등이 수용재결에 대해 이의신청 (이의재결) 또는 소제기(행정소송)

중앙토지수용위원회 토지수용 관련 절차

지구단위계획의 '매도청구'와 '토지수용권'의 차이점

실무를 하다 보면 '토지수용권'과 '매도청구권'을 혼동하는 경우가 있다. 매도청구권은 토지수용권과 달리 법원의 판결이 있어야만 소유권을 이전받을 수 있고 보상가에서도 차이가 있다.

민간업체에서 아파트 건설을 위해 지구단위계획과 지구단위계획구역을 입안하면 자신의 토지가 의도하지도 않았는데 지구단위계획구역으로 편입되어 매도하게 되었다는 민원이 종종 접수된다. 더구나 자신의 토지에 인접하여 개발 사업이 일어나면 토지 가치가 상승하니 제척 요구 민원이 상당히 많다. 「주택법」제21조, 제22조에서 지구단위계획의 결정이 필요한 주택건설사업은 해당 대지면적의 80% 이상을, 주택조합사업은 95% 이상을 확보하면 소유권을 확보하지 못한 대지에 대하여 사업승인을 받은 후에 법원에 '매도청구'를 할 수 있는 근거가 있기 때문이다.

민원인 측에서는 본인의 의사와 달리 강제적으로 소유권을 박탈한다는 점에서, 매도청구권이 본질적으로 공용수용의 일종으로 볼 수 있어 민원을 제기한 것이다. 민간사업자 측에서는 주택건설 개발예정지의 땅에 이른바 알박기 형태로 토지를 미리 사놓고 집요하게 주택건설사업의 추진을 방해하며 개발사업자로부터 시가보다 많은 돈을 받고 매도하려는 투기세력을 근절하는 측면에서 매도청구권이 필요하다고 한다.

알박기 대상에 대해 애초 법령에는 지역단위계획구역 결정고시일 '3년 이전'에 당해 대지의 소유권을 취득하여 계속 보유하고 있는 자를 투기세력으로 보았는데, 법률조항이 개정되면서 '지구단위계획 구역 결정고시일 10년 이전에 해당 대지의 소유권을 취득하여 계속 보유하고 있는 자'는 매도 청구할 수 없도록 하고 있다.

매도청구권을 행사하려면 최소한 3개월 이상 협의가 요구된다. 토지 소유자는 시가 상당의 매매대금을 지급받기 전까지 소유권 이전 및 명도 의무의 이행을 거절할 수 있다. 또 전문 감정평가업자에 의한 감정금액으로 당사자 사이의 다툼을 해결하도록 하고 있다.
간혹 제도가 만들어지면 최초 제정 취지와 달리 활용하듯이 매도청구권을 염두에 두고 과도하게 지구단위계획 구역을 설정한 후, 정작 입안할 때는 사업성 위주로 진행되는 도시계획을 접할 때면 지구단위계획의 본질을 다시 살펴보게 된다.

도시개발사업의 '토지수용권'의 배경과 절차

민간 도시개발사업은 「도시개발법」에 의해 당해 면적의 2/3 이상과 토지소유자의 1/2 이상의 동의를 얻으면 민간기업에도 토지수용권을 주는 요건에 따라 민간 주도의 대규모 주택, 상업, 산업단지 등을 조성할 수 있게 되었다.
그동안 도시개발사업은 주로 LH공사, 지방 도시개발공사 등 공공기관이 수용방식으로 추진하였다. 하지만 공공업체에서 공급하는 공공택지 공급이 줄어들면서 민간이 도시개발사업으로 눈길을 돌리게 되었다. 대규모 사업부지의 확보가 관건인 민간 도시개발사업에서 사업에 필요한 토지소유자의 동의를 얻는 게 쉽지가 않다. 또한 일반주택사업과는 다르게 각종 영향평가를 받아야 하는 도시개발사업은 개발절차가 복잡해 사업기간이 오래 걸린다.

구 분	택지개발사업 (택지개발촉진법)	도시개발사업 (도시개발법)
개발목적	대규모 주거지 조성	다양한 용도 및 기능의 단지, 시가지 조성
개발주체	공 공	공공, 민간, 민간공동 등
규 모	10만㎡이상	1만㎡이상 (도시관리계획 구역안)
사업방식	수 용	수용, 환지, 혼용방식중 선택

택지개발사업과 도시개발사업의 비교

도시개발법은 일제강점기인 1934년 6월의 '조선시가지계획령'으로부터 시작됐다. 이후 우리나라 도시의 시대적 상황에 따라 진화한 내용이 흥미롭다. 정부의 빈약한 재정 여건에서 전면 수용형으로 도시개발을 하지 못한 1960년과 1970년대에는 대도시 지역에 토지이용 효율 제고를 목적으로 토지구획정리사업이 시행되었다. 이를 통해 서울 강남지역을 중심으로 대부분 주거지가 아파트 단지로 조성되기 시작하였으며, 1977년 12월에는 주택건설촉진이 전면 개정되면서 택지개발의 근거법으로 자리 잡았다.

부동산은 공산품처럼 대량생산을 할 수 없는 한정된 재화이다 보니 예나 지금이나 시대적 상황에 따라 부동산 투기에 대한 다양한 정책이 마련되고 있다. 1980년대 부동산 투기가 사회문제로 대두되어 토지구획정리사업이 공영개발이라는 새로운 제도로 대체되면서 한정적으로 시행되었다. 당시 토지구획정리사업은 주로 단독주택지를 공급했기 때문에 급속한 도시화로 인한 주택 부족 문제는 크게 개선되지 못했다. 인구 증가에 대응하기 위해 대규모 공동주택지를 공급하고 개발이익 사유화 문제를 해결하기 위해 보다 강력한 토지개발 제도의 필요성이 대두되었다.

1980년 12월 「택지개발촉진법」을 제정하면서 토지구획정리사업보다 도시개발사업법이 활발하게 적용되었다. 2000년 1월에 도시계획법으로 규정되었던 각종 도시계획 및 도시개발사업이 도시개발법으로 통합·관리되고 도시 외곽의 신도시 개발이 제한되면서 민간주도의 대표적인 도시개발 수단으로 자리 잡고 있다. 그동안 공공부문이 독점해 오던 토지개발 공급체계에 경쟁 요소를 도입하고, 민간의 자본과 기술력을 활용하며 민간의 도시개발 욕구를 충족시킨 것이 그 원동력으로 볼 수 있다. 여기에는 도시개발사업에 토지 수용권을 부여한 것이 컸다.

도시개발사업은 시행자가 민간일 경우라도 기반시설의 설치 의무를 부과하는 등 공공성을 가진다. 그 때문에 토지 소유자가 높은 보상을 바라고 협의 매수에 불응하는 경우에는 사업 자체가 진행될 수 없다. 그렇게 되면 민간이 도시개발사업에 참여하지 않거나 기피하는 경향을 보이게 된다. 이로 인해 공공 목적을 달성할 수 없게 되므로 이를 보완하기 위해 민간시행자에게도 토지 수용권을 부여하게 된 것이다.

시행자는 도시개발사업에 필요한 토지 등을 수용하거나 사용할 수 있다. 다만, 토지소유자 및 수도권 이외 지역 이전 법인, 일반건설업체, 부동산개발업자, 부동산투자회사, 도시개발사업 공동출자법인까지의 시행자 규정에 해당하는 시행자는 사업 대상 토지면적의

2/3 이상에 해당하는 토지를 소유하고 토지 소유자 총수의 1/2 이상
에 해당하는 자의 동의를 받아야 한다. 민간 사업시행자의 경우 사
업 대상 토지면적의 2/3 이상 소유하여야 하는데 언제까지 이를 매
입하여야 하는지는 문제가 될 소지가 있다. 도시개발법 제22조 제3
항은 토지의 세목을 고시한 때를 수용권 발동의 근거인 사업인정으
로 의제하고 있다.

도시는 살아있는 생물이다. 과거에는 대형 마트를 건립하기 위해 부
지를 어렵게 확보하였는데, 최근에는 주거와 상업이 결합한 복합 용
도로 짓는다. 도시는 토지를 효율적으로 활용하는 방향으로 계속 진
화하고 있다. 또한, 소규모 자본에 의해 토지 소유자별로 개발되던
공간은 이제는 부동산 금융의 발달로 대규모 자본이 투입되고 있다.
그러나 앞으로 대도시 내 개발 용지를 확보하는 일은 갈수록 어려
워질 것이다. 도시계획 변경을 위해 사전에 치열하게 협상하는 것도
그 원인이다. 미래의 도시개발사업은 토지를 어떤 절차로 어떻게 확
보하는지가 관건이 될 것이다.

6

농지·임야의 숨겨진 거래가격, 조성 부담금

부동산 개발 시 조성부담금의 종류

토지를 구입하는 사람들은 대개 세 가지 유형으로 구분되는 듯하다. 첫째는 시간이 갈수록 토지 가격이 오르기를 기다리는 사람, 둘째는 지목변경으로 토지를 개발해 토지의 가치를 높이고 적절한 가격에 팔아 자금을 회수하는 사람, 마지막으로 실수요자이다.

투자자는 토지 주변의 개발 호재를 찾아다니지 않고 입지가 좋은 농지·산지를 전원주택, 펜션부지, 공장용지, 창고용지, 음식점부지로 개발하여 땅의 가치를 높이는 적극적 행위를 한다. 움푹 들어간 땅을 산 뒤 흙으로 메워 평지로 만들거나 길가에 접하고 있는 땅과 뒤의 맹지를 함께 매입하여 가치를 높이는 식이다. 값싼 산지나 농지를 사서 대지로 지목 변경하는 소극적인 개발행위를 하기도 한다.

농지와 임야를 구입할 때는 땅값 외에 추가로 드는 비용이 있다. 농지전용 부담금, 대체 산림자원 조성비, 개발부담금, 생태계보존 협력금이다. 농지보전 부담금은 전용할 면적당 개별공시지가의 30%이다. ㎡당 5만원을 초과할 경우는 5만원을 상한으로 적용한다.

「농지법」 개정에 따라 1981년 7월 29일 이전에 주거지역, 상업지역, 공업지역으로 지정된 지역 안의 농지를 전용할 경우는 부담이 면제된다. _{농지법 부칙 제7조 제4항} 관공서 도시계획부서에 전화로도 간단히 용도지역 지정일을 확인할 수 있다.

대체산림자원 조성비는 평당 1만원이다. 개발부담금은 [(준공시점 지가 − 인허가시점 지가) × 인허가 면적 − 정상지가 상승분 − 개발비용] × 25%이다.

개발 가능 여부 다른 농지의 종류

"내 땅이 그냥 밭인 줄만 알았는데 농업보호구역 내 밭이라네요."

A씨는 소유하고 있던 경기도 남양주시의 땅을 팔 요량으로 인근 부동산 중개업소를 찾았다가 도통 알아듣기 힘든 말만 듣고 왔다. 중개업자의 말은 "농사밖에 지을 수 없는 땅이라 값도 싸고, 잘 팔리지도 않는다"는 것이다. A씨의 손에는 '농업보호구역', '토지거래허가구역' 이라고 적혀 있는 토지이용계획확인원이 쥐여져 있었다. 농지에는 두 가지 종류가 있다. 보전해야 하는 '농업진흥지역의 농지일명 절대농지'와 전용을 할 수 있는 '농업진흥지역 외 농지'이다. 농업진흥지역은 다시 경지정리와 같이 집단화된 '농업진흥구역', 용수원 확보와 같은 '농업보호구역'으로 세분화된다. 농업진흥구역에서는 농수산물의 가공·처리·시험·연구시설, 농업인 주택 등이 가능하다.

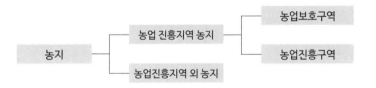

여건에 따라 다르겠지만 농지 인근의 대지 가격을 100으로 봤을 때 농업진흥지역 외 농지는 60, 농업보호구역 농지는 40, 농업진흥구역 농지는 30 정도의 가격이 형성된다고 한다.

농지전용허가 및 농지취득증명 자격

농지전용이란 농지를 농업생산이나 농지개량 외의 용도로 사용하는 것이다. 농지전용을 위해서는 먼저 농지를 취득해야 한다. 그러나 비농업인이 농지를 소유하기 위해서는 「농지법」에 의해 몇 가지 전제 조건이 있다.

비농업인의 경우는 주말·체험농장 정도의 소규모$_{1,000㎡\ 미만}$ 농지, 상속에 의한 취득이나 담보농지, 농지전용 허가를 받은 농지만 취득할 수 있다. 농지취득 자격증명은 농지를 사고자 하는 사람의 소유 자격을 심사하여 농지의 취득을 허용함으로써 농지에 대한 투기를 방지하기 위한 제도다. 농지를 소유하고자 하는 사람이 농지 소재지를 관할하는 읍·면·동장에게 신청하면 읍·면·동장이 신청인의 영농경력, 영농의사, 거주지, 직업 등 영농여건을 종합적으로 고려하여 목적대로 이용할 수 있다고 인정하면 비로소 농지를 소유할 수 있다.

농지소재지 시·군·구청장은 매년 9월 1일부터 11월 30일 사이 신규로 취득한 3년 이내 농지, 관외 거주자 농지를 대상으로 농사를 짓고 있는지를 조사한다. 조사 결과 취득한 농지가 농지법에 정하는 정당한 사유 없이 휴경하게 되면 청문절차를 거쳐 처분 대상 농지로 결정된다. 이때 사유를 밝히고 앞으로 성실 경작을 약속하거나 농지은행에 위탁경영할 경우 유예처분을 받게 된다. 이후 3년간 해당 농지를 성실히 경작하면 농지 처분명령은 면제된다. 단, 유예 기간 중 농업경영에 이용하지 않을 경우에는 농지를 즉시 처분해야 한다. 유예 기간에 처분명령을 받고 땅을 팔지 않을 경우 해당 농지 공시지가의 20%에 해당하는 이행강제금이 매년 부과된다.

산지[임야]의 종류와 규제 정도

제4차 국토종합계획이 발표될 때 일이다. 2020년까지 국토의 도시용지를 6.2%에서 9.2%로 늘리겠다는 내용이 담겨 있었다. 일부 투자자들은 도시용지 확대를 예상해 수도권을 중심으로 한계농지와 준보전 산지에 관심을 가졌다. 수도권 북부지역은 산악지형이 많고 상수도 보호구역 등으로 다른 규제가 있어 도시용지로 전환이 쉽지 않다고 여겼는지 수도권 남부지역으로 투자자들이 쏠렸다. 그 대상은 도시용지로 공급이 가능한 지역인 관리지역 중 계획관리지역, 임야 중 경사도가 낮고 경관이 좋지 않은 준보전 산지나 임업용 산지였다. 국토종합계획은 장기적이며 추상적인 계획이라는 한계로 불확실성이 잠재되어 있어 통상 전문가들은 투자에 유의할 것을 조언한다. 농지와 산지임야는 유사한 면이 있지만, 취득이나 전용에 있어서 산지가 좀 자유로운 편이다. 산지는 보전 산지와 준보전 산지로 나뉘며 규제가 덜한 것은 준보전 산지이다. 보전 산지는 임업용 산지목재, 버섯채취와 공익용 산지수자원, 자연생태계, 자연환경보전 등로 나뉜다. 규제 순으로 보면 준보전 산지 〈 임업용 산지 〈 공용 산지이다. 준보전 산지가 규제가 덜하기 때문에 토지 투자자들이 선호하는 편이다.

임야도 농지처럼 건축을 하려면 산지전용이 필요하다. 건축물이 완공되면 임야대장은 토지대장으로, 임야도6,000분의 1는 지적도로 등록전환이 필요하다.

7

토지
이용 편의
위한
지형도면
고시

지형도면 고시돼야 도시관리계획 효력 발생

토지이용계획확인원 고시만 보고 경매에 참여했다간 낭패를 볼 수 있다. 도시관리계획 입안 중 도시계획시설대로 집행이 될지 안 될지를 알아야 한다. 공인중개사의 말만 믿지 말고 공시나 공고를 직접 찾아보거나 담당 주무관에게 내용을 확인 받는 게 확실하다.

도시관리계획이 결정·고시되면 그 내용에 따라 각종 토지이용행위가 규제된다. 토지 소유자는 자신의 토지에 대한 도시관리계획 결정 사항을 알아야 하는데, 여기에는 주로 축척 1/5,000 내지 1/25,000의 도면이 사용되고 있어 특정 토지가 당해 도시관리계획에 포함되었는지 여부를 확실히 알기 어렵다. 이에 보다 상세한 축척 1/500 내지 1/1,500의 지형도에 명시해 토지 소유자의 재산권을 보장해 주는 것이 바로 '지형도면 고시'이다.

도시계획 결정의 효력은 결정 고시로 인하여 생기고 지적고시 도면의 승인고시로 인하여 생기는 것은 아니라고 할 것이나, 일반적으로 도시계획결정 고시의 도면만으로는 구체적인 범위나 개별토지의 도시계획선을 특정할 수 없으므로 결국 도시계획결정 효력의 구체적, 개별적인 범위는 지적고시 도면에 의하여 확정된다. 대법원 2000. 3. 23. 선고 99두11851 판결 등 참조

국토계획법 제31조 제1항, 제32조 제1항, 제4항, 제5항, 토지이용규제 기본법 제8조 제2항, 제7항, 제9항, 토지이용규제 기본법 시행령 제7조 제1항 등의 각 규정에 의하면, 도시관리계획 결정이 고시되면 지적地籍이 표시된 축척 500분의 1 내지 1천500분의 1녹지지역

의 임야, 관리지역, 농림지역 및 자연환경보전지역은 축척 3천분의 1 내지 6천분의 1
의 지형도에 도시 · 군관리계획에 관한 사항을 자세히 밝힌 도면을
작성하여야 하고 이를 고시하여 관계 서류를 일반이 열람할 수 있도
록 하여야 한다. 도시 · 군관리계획 결정의 효력은 지형도면을 고시
한 날부터 발생한다.

이처럼 국토계획법이 도시 · 군관리계획 결정이 고시된 후 지형도면
을 작성하여 고시하도록 규정한 취지는 도시 · 군관리계획으로 토지
이용제한을 받게 되는 토지와 그 이용제한의 내용을 명확히 공시하
여 토지이용의 편의를 도모하고 행정의 예측 가능성과 투명성을 확
보하려는 데 있다. 대법원 2017. 4. 7. 선고 2014두37122 판결 참조 이처럼 지
형도면은 도시 · 군관리계획 결정이 미치는 공간적 범위를 구체적으
로 특정하는 기능을 가진다. 그 때문에 도시 · 군관리계획의 기본적
내용, 대략적 위치와 면적은 고시를 통해 대외적으로 알려야 한다.

지형도면 고시 절차

특별시장 · 광역시장 · 특별자치시장, 특별자치도지사, 시장 또는
군수, 국토교통부장관 · 도지사가 직접 입안한 때에는 특별시장, 광
역시장, 특별자치시장, 특별자치도지사, 관계 시장 또는 군수의 의
견을 들어 직접 작성 가능하다.
작성 시기는 도시 · 군관리계획의 결정고시가 있을 때이며, 작성방
법은 시장 · 군수가 지적이 표시된 지형도상에 도시 · 군관리계획 사
항을 명시하여 시 · 도지사에게 그 승인을 신청한다.

도면 축척은 1/500 내지 1/1,500의 지형도이다. 다만 녹지지역 안의 임야, 관리지역, 농림지역, 자연환경보전지역은 1/3,000 내지 1/6,000 지형도로 가능하다. 고시하고자 하는 토지의 경계가 행정구역의 경계와 일치하는 경우와 도시계획사업·산업단지조성사업 또는 택지개발사업이 완료된 구역인 경우에는 지적도 사본에 도시관리계획 사항을 명시한 도면으로 이에 갈음한다. 지적도 사용 도시지역 외의 지역에서 도시계획시설이 결정되지 아니한 토지에 대하여는 지적이 표시되지 아니한 축척 5천분의 1 이상축척 5천분의 1 이상의 지형도가 간행되어 있지 아니한 경우에는 축척 2만5천분의 1 이상의 지형도해면부는 해도·해저지형도 등의 도면으로 지형도에 갈음에 도시관리계획사항을 명시한 도면을 작성할 수 있다. 사용도면이 2매 이상이면 축척 5천분의 1 내지 5만분의 1의 총괄도를 따로 첨부할 수 있다.

지형도면의 승인과 고시·열람

시장 또는 군수는 지형도면을 작성해 도지사의 승인을 얻어야 한다. 이 경우 지형도면의 승인신청을 받은 도지사는 그 지형도면과 결정·고시된 도시관리계획을 대조하여 착오가 없다고 인정되는 때에는 30일 이내에 그 지형도면을 승인하여야 한다. 국토교통부장관 또는 시·도지사는 직접 지형도면을 작성하거나 지형도면을 승인한 때에는 대통령령이 정하는 바에 따라 이를 고시하고, 건설교통부 장관 또는 도지사는 관계 서류를 특별시장·광역시장·시장 또는 군수에게 송부하여 일반이 열람할 수 있도록 하여야 한다.

축척 500분의 1 내지 1,500분의 1녹지지역 안의 임야, 관리지역, 농림지역,

자연환경보전지역은 축적 3,000분의 1 내지 6,000분의 1 이상의 지적이 표시된 지형도를 사용하여 도시관리계획 결정을 고시한 경우에는 지형도면을 따로 작성하지 않아도 그 도시관리계획 결정의 고시로써 고시에 갈음할 수 있다. 이 경우 도시관리계획 결정의 고시 내용에는 지형도면을 따로 작성하여 고시하지 아니함을 명기하여야 한다.

도시관리계획 결정의 실효

도시관리계획 결정의 고시일부터 2년이 되는 날까지 지형도면의 고시가 없는 경우지형도면의 고시에 갈음하는 경우를 제외에는 2년이 되는 날의 다음 날부터 효력을 상실한다. 지역·지구 등의 지정이 효력을 잃은 때에는 그 지역·지구 등의 지정권자는 대통령령으로 정하는 바에 따라 지체 없이 그 사실을 관보 또는 공보에 고시하고, 이를 관계 특별자치도지사·시장·군수·자치구청장에게 통보하여야 한다. 이 경우 시장·군수·구청장은 그 내용을 제12조에 따른 국토이용정보체계에 등재登載하여 일반 국민이 볼 수 있도록 하여야 한다. 국토교통부 장관 또는 시·도지사는 도시관리계획 결정의 효력이 상실된 때에는 지체 없이 장관은 관보에, 시·도지사는 당해 시·도의 공보에 게재하는 방법으로 고시하여야 한다.

예를 들어 '제2종일반주거지역, 도시계획시설 도로에 저촉, 지형도면고시 미필'의 의미를 알아보자. 이 필지 주변으로 도시계획시설 도로가 예정되어져 있으나 지형도면고시가 되지 않아 토지이용계획확인서 상의 도면으로는 구체적 범위를 확인할 수 없다는 뜻이다. 토지

이용계획확인서에 지형도면고시 필, 미필의 여부를 기재하는 것은
도시관리계획의 구체적 상황을 알려 재산권 변동 여부를 판단할 수
있도록 정보를 주기 위함이다.

국토계획법은 도시관리계획 결정·고시와 지형도면 고시를 별개의
절차로 나누고 있다. 토지이용규제법 제8조 제3항은 지형도면 또는
지적도 등에 지역·지구 등을 명시한 도면을 고시하여야 하는 지
역·지구 등의 지정의 효력은 지형도면 등의 고시를 함으로써 발생
한다고 규정하고 있다.

포스트 코로나 시대 부동산 & 도시계획

초판 1쇄 발행   2021년 2월 10일

저자	신재욱
발행인	이심
편집인	임병기
편집	김연정, 조고은, 신기영, 송경석
디자인	김미연
마케팅	서병찬
총판	장성진
관리	이미경
출력	삼보프로세스
인쇄	북스
용지	영은페이퍼㈜

발행처	㈜주택문화사
출판등록번호	제13-177호
주소	서울시 강서구 강서로 466 6층
전화	02-2664-7114
팩스	02-2662-0847
홈페이지	www.uujj.co.kr

정가 16,000원
ISBN 978-89-6603-061-3

ISBN 978-89-6603-061-3   03530